W－Cu复合材料的设计、制备与性能

汪峰涛　吴玉程　著

合肥工业大学出版社

前　言

汪峰涛博士学位论文研究工作是在吴玉程教授的指导下完成的，本论文基于研究的结果总结而成。此研究得到安徽省自然科学基金资助项目(070414180)、中科院合肥物质研究院合作项目(103—413361)以及合肥工业大学中青年创新群体基金(103—037016)等项目的资助，以高性能细晶 W－Cu、W－Cu/AlN 复合材料和 W－Cu 梯度功能材料的优化设计、制备工艺和性能为研究内容，试图进一步成熟和拓展机械合金化制备 W－Cu 复合材料的技术工艺，并结合计算机优化设计，开发出新型 W－Cu/AlN 复合材料和 W－Cu 梯度功能材料，为今后高性能 W－Cu 复合材料在实际生产和应用领域中的拓展提供理论依据和数据支撑。

在论文的研究过程中，得到合肥工业大学材料学院的黄新民、汤文明、王文芳、李云、郑玉春、程娟文、刘岸平、舒霞、徐光青等老师，及本实验室成员王德宝、陈勇、邓景泉、王德广、王涂根、任榕、宋林云、洪雨等在实验和分析过程中给予的帮助，合肥工业大学化工学院的唐述培老师在 XRD 分析过程中给予的帮助，中科院固体物理研究所孔明光老师在样品表面测试方面给予的帮助，在此一并向他们表示诚挚的谢意！

由于作者水平有限，写作中难免出现错误，敬请读者批评指正。

作　者

2009 年 12 月于合肥

目 录

第1章 概 论

W－Cu复合材料是由高熔点、低热膨胀系数的钨和高电导率、热导率的铜组成的复合材料，它综合了两者的优点，具有高密度、高强度、高硬度和良好的延展性、好的导电性和导热性、低热膨胀系数等特点。20世纪30年代，伦敦镭协会的Melennan和Smithels最早进行了W基高密度合金的研制，由于它具有优异的综合性能，在国防工业、航空航天、电子信息和机械加工等领域得到了广泛的应用，在国民经济中占有重要的地位，因此，钨基合金一直受到世界各国的高度重视，已成为材料科学界较为活跃的研究领域之一。近年来，现代电子信息业和国防工业高尖端领域的快速发展使钨合金及其复合材料在该领域的应用日益扩大。其中，W－Cu复合材料性能好，成本低，被认为是极具发展潜力和应用前景的新型功能材料。例如，由于W－Cu复合材料具有高导热和低热膨胀系数等特点，使其在大功率器件中被视为一种很好的热沉材料。但随着现代科学技术的发展，微波半导体功率器件不断小型化、高度集成、高功率的发展，而导致的高发热率要求有更高的导热、低膨胀和良好的散热性能。为提高钨铜合金的强度和气密性，要求其具有接近完全致密的密度（相对密度大于98%）；为获得特定的物理性能要求，严格控制该材料的成分和微结构形态；对复杂形状部件的净成型，特别是粉末注射成型技术的应用，则要求严格控制尺寸及变形等，这些都对W－Cu复合材料的性能提出了更高的要求。为了适应这些特殊应用的要求，W－Cu复合材料生产工艺的改进和制取新技术的发展被不断推进。因此，近年来国内外对W－Cu复合材料，无论从材料本身、材料的制取工艺以及新应用等方面都进行了大量的研究工作，以使其适应各种新技术的要求。从目前的主要研究方向来看，细晶（纳米）结构材料和梯度结构功能材料是钨铜复合材料研究的主要特点；从制备工艺来说，W－Cu超细粉体的制备技术，如机械合金化、喷雾-干燥法、溶胶-凝胶法、均相沉淀法、机械热化学法、氧化物共还原法等都为材料工作者广泛研究。

本书系统介绍了机械合金化法结合常压或热压的方法制备 W－Cu 复合材料、W－Cu/AlN 复合材料和 W－Cu 梯度功能材料的工艺及性能，分析了机械合金化制备的 W－Cu 纳米晶复合粉体的结构特点，并涉及计算机优化设计新型 W－Cu/AlN 复合材料和 W－Cu 梯度功能材料。本章节就各种新型 W－Cu 复合材料的发展和应用、W－Cu 复合材料的制备技术，以及功能梯度材料的发展现状、优化设计和主要工艺进行了介绍。

1.1 纳米结构 W－Cu 复合材料的发展和应用

1.1.1 纳米结构 W－Cu 复合材料的发展现状

纳米结构的材料由于具有常规结晶材料所不具有的特异性能，而受到国内外材料研究者的关注。近年来采用纳米粉体促进、改善及制备具有纳米结构的 W－Cu 复合材料引起了广泛重视。经过不同工艺制得的 W－Cu 纳米复合粉体，粉末粒度极大地细化，分散度大大提高，这都将有效地改善 W－Cu 系统的烧结特性，进而有助于 W－Cu 复合材料获得接近完全的致密度。不仅能满足材料高强度、高气密性的要求，相应的大幅度提高了复合材料的导电、导热性能。

目前纳米结构 W－Cu 复合材料的研究，主要集中在纳米 W－Cu 复合粉体的制备工艺和烧结特性两个方面：首先制备工艺的研究，国内外研究较多地是溶胶-凝胶法（Sol－Gel）、喷雾干燥法（Spray Drying Method）、机械合金化法（Mechanical Alloying）、机械－热化学法（Mechanical Thermo－chemical Process）等合成法制备纳米 W－Cu 复合粉；其次烧结特性，由于纳米粉末的晶粒细小（粒径在 100nm 以下），比表面积大，粉末之间的接触界面大，表面活性大，烧结驱动力大，烧结温度低且致密化快。因此，采用纳米 W－Cu复合粉体制备钨铜复合材料时，在固相和液相烧结条件下都呈现强烈的致密化效果。文献[23]研究表明，钨铜氧化物共还原粉在高度弥散状态下，仅靠毛细管作用引起的颗粒重排就可以实现完全致密化，获得接近100%的相对密度。Hong等人研究了采用喷雾干燥燃烧结合后续还原处理制备的纳米结构W-(10～40)Cu复合粉体的烧结致密化，发现Cu含量在20%～40%时，通过1250℃保温1h的烧结可以获得致密度在98%以上的W-Cu复合材料；而铜含量≤10%时，经过1450℃保温2h的烧结致密度最高也只能达到92%。Lee等采用将机械-热化学法与液相烧结相结合的方法，在没有烧结活化剂的情况下，制得了钨的平均颗粒尺寸为1 μm的接近全致密的含Cu量为20%的W-Cu复合材料。Kim J. C. 等用机械合金化的方法，在较低的温度(1100℃)下液相烧结，制取了几乎全致密的纳米W-20Cu和W-30Cu复合材料，并发现MA给W-Cu复合粉体带来的纳米结构特征有效地强化了粉体的烧结性能。Ryu S. S. 和Kim Y. D. 等也对该方法进行了研究，并认为固相或液相烧结均对烧结致密化起着极其重要的作用，纳米晶钨铜粉烧结性能的改善源于假合金内同种颗粒W-W之间的相互作用，以及不同颗粒W-Cu之间的相互作用。文献[28,29]报道了通过高能球磨将金属钨粉和铜粉混合进行长时间研磨，可以制得高均匀分布的超细W-Cu复合粉末，它们具有极均匀的纳米尺寸W相结晶组织。含Cu量为30%的W-Cu混合粉球磨50h后，可得到20nm～30nm的钨相，将此纳米粉成型并在较低温度下烧结，可得到相对密度98%、钨晶粒600nm、组织均匀的W-Cu复合材料。含Cu量为20%(质量分数)的W-Cu混合球磨50h后，发现复合粉末的X-衍射图谱已看不到单独的Cu衍射峰；将这种粉末压制、烧结后，在X射线衍射图谱上消失的Cu重新析出，形成W和Cu两相组织组成的W-Cu复合材料。

可见，以上对于纳米结构W-Cu复合材料的研究均获得了良好的效果；采用各种工艺得到的纳米W-Cu复合粉体均制备出了具有较高致密度W-Cu复合材料，尤其是机械合金化技术在该方面的应用被得到了广泛的研究。

1.1.2 W-Cu复合材料的应用

1.1.2.1 微电子封装材料

近年来，在电子、空间与信息等高科技领域，对材料的性能要求越来越高。随着集成电路(Integrated Circuit, IC)芯片技术的迅猛发展，对微电子封装技术也提出了新的要求，轻薄、短小、无铅和低成本是目前微电子封装技术发展的趋势。因此，微电子集成电路的集成规模进一步扩大，集成电路的单位面积功率和发热量大大增加，致使其工作环境日趋复杂和恶劣，对集成电路封装材料的要求也越来越苛刻。传统的电子封装材料如Invar、Kovar、W、Mo等，由于其单一的性能已经不能满足封装行业日益发展的需要，这就使得低膨胀、低密度、高导热、合适强度和生产成本的新型电子封装材料的研制变得十分迫切。而采用几种组元形成的复合材料则可发挥其性能可调的优势，充分利用各组元材料的优点，制备出综合性能优异的封装材料，从而满足微电子工业发展的要求。

目前，电子封装复合材料主要有三大类：聚合物基复合材料（Polymer-matrix Composites，PMC）；金属基复合材料（Metal-matrix Composites，MMC）；碳-碳复合材料（Carbon-carbon Composites，CCC）。其中，金属基电子封装材料（MMC）是当前电子封装材料的研究和发展的重点方向，而向金属基体内添加低热膨胀系数的陶瓷或其他物质制成金属基电子封装复合材料，又成为金属基复合材料今后研究的重点。W-Cu电子封装材料就是其中的一种，它可以通过适当的调整W、Cu之间的成分比例，获得适宜的热膨胀系数，进而与微电子器件中硅片、砷化镓等半导体材料及管用陶瓷材料很好匹配联结，避免热应力所引起的热疲劳破坏；同时获得较高的导电导热性能或优异的微波屏蔽功能以及高的强度等。正是这些特点，使W-Cu复合材料近年来在大规模集成电路和大功率微波器件中的应用得到了迅速发展。例如，W-Cu复合材料作为高效的散热和热沉材料，已经应用于微处理器、微波组件、无线电通讯装置和RF动力装置等高新技术产品上，它的高导热及耐热性大大提高了微电子器件的使用功率，使器件进一步小型化，对电子封装材料的W-Cu复合材料的性能要求远高于电触头用W-Cu合金。主要体现在含W量高，质量分数为80%～90%，一般选用W-10Cu和W-15Cu（表1-1列出了这两种成分W-Cu复合材料的主要性能），成分要求准确，尺寸精度高，而且要能加工成各种复杂形状；气密性高，即致密度高（相对密度>98%）。因此，高性能W-Cu电子封装材料的制备仍是一项技术难度大且工艺复杂的工作。

表 1-1 封装用 W-10Cu 和 W-15Cu 复合材料的主要性能

材 料 (%)	理论密度 /($g\cdot cm^{-3}$)	理论热导率 /($W\cdot m^{-1}\cdot K^{-1}$)	实际热导率 /($W\cdot m^{-1}\cdot K^{-1}$)	线膨胀系数 /($\times10^{-7}$℃$^{-1}$)	抗弯强度 /(MPa)
W-10Cu	17.30	210	147～210	58	>804
W-15Cu	16.45	230	167～223	62	>765

1.1.2.2 高性能电触头、电极材料

电触头亦称触点或接点，是高、低压电器中的关键元件，担负着接通与分断电流的任务，它直接影响开关、电器运行的可靠性及使用寿命，所以人们将触头称为电器的“心脏”。电加工电极材料是电火花加工中的关键因素，直接关系到放电加工的效果，在很大程度上决定了加工的稳定性、加工的精度、加工面的光洁度以及精细加工的能力。理想的电触头材料必须满足以下要求：低电阻率、高导热率、高熔点和沸点、高熔化热和升华热、热稳定性好、热容量大、蒸汽压低、起弧最低电流和电压高、电子逸出功高，室温及高温强度高、硬度高、塑性和韧性好；耐电弧烧蚀、接触电阻低且稳定、熔焊桥接及金属转移的倾向小；在较宽的温度范围内于不同介质中的耐蚀性高以及良好的加工制造性能；电火花加工用工具电极材料应满足高熔点、低热胀系数、良好的导电导热性能和力学性能等基本要求，从而在使用过程中具有较低的损耗率和抵抗变形的能力。此外，工具电极材料本身应易于加工、来源丰富及价格低廉。要满足以上要求，只通过单一的材料是无法实现的，一般需要将两种或两种以上具有不同性能的材料通过合金化或粉末冶金的方法制备出来。W-Cu 复合材料即是符合这种要求的典型材料，它同时具有优良的导热性、导电性，可调的线膨胀系数，较高的强度和相对良好的抗烧蚀、抗熔焊、低截流等特性。一直以来，W-Cu 复合材料的主要用途就是代替纯 Cu 和 Cu 合金触头，作为传统高压开关电器的电触头和各种电加工电极。国家标准(GB8320—1987)对 W-Cu 电触头产品的使用性能要求规定：密度应不小于其理论密度的 96%；产品尺寸应满足一定的精度要求；W-Cu 电触头产品的微结构中，W、Cu 两相要均匀分布，具有较少的气孔、夹杂，并具有一定的力学性能。20 世纪 80 年代真空开关电器的出现，促进了真空用 W-Cu 复合材料的开发和应用，并已成为其重要的应用新领域。这类电器除应具备常规电触头所需性能外，还特别要求其应符合真空应用材料中的气体杂质（O_2、N_2等）含量极低的要求，故需采用特殊工艺，如高温或真空脱气、真空熔渗等制备。

近年来，随着开关电器向更高电压、更大容量发展，对W-Cu复合材料的技术要求也不断提高，因此对于新型的W-Cu复合材料和新制备技术的研究已迫在眉睫。

1.1.2.3 航天、军工领域高温用W-Cu复合材料

高温用W-Cu复合材料作为W-Cu材料研究的一个分支，由于成功应用到航天和军事工业领域中，受到了世界各国的广泛关注。从20世纪60年代起，美国已开始将钨铜合金用于火箭、导弹和飞行器的喷管喉衬、燃气舵、鼻锥、配重等高温部件，其主要利用了W-Cu合金的耐高温和发汗冷却作用，当燃气温度接近或超过合金的熔点（3000℃）时，铜在1083℃时熔化，在2580℃（0.1MPa）时蒸发而吸收大量热量，并为合金中的钨骨架提供良好的冷却作用，保证了部件的正常工作，从而使材料能承受一般材料无法承受的高温。另外，近年来W-Cu复合材料在军事上的一些新用途也在不断发展，例如，电磁炮的导轨材料应用了W-Cu材料的耐高温、高导电性和抗电弧、抗摩擦等优异性能；破甲弹的药型罩主要利用W-Cu材料的高密度、高强度和高动态性能，可以大大提高破甲弹的破甲威力。目前，高温用W-Cu复合材料制备方法主要采用熔渗法，从材料的性能研究来看，W-Cu复合材料的高温强度主要取决于钨骨架的强度。钨渗铜材料从室温至1200℃的抗拉强度取决于铜和钨骨架的结合强度，温度更高时，由于金属铜的熔化和挥发，材料强度则主要决定于钨骨架的结构、骨架的连续性程度、钨颗粒之间的连接状态以及孔隙形态和大小等因素，对于一定孔隙度的钨骨架，其连续性程度愈大，孔隙形状圆化或棱角钝化程度愈大，材料的高温抗拉强度愈高；铜含量高，渗铜均匀的材料，抗热震性相对较好；通过调整制备工艺参数和采用颗粒较粗的钨粉，能有效地控制部件由于高温下二次烧结所产生的尺寸变化。对于材料合金化的研究表明，在钨基体中加入Zr、C和Mo等元素后，材料密度在降低了4%～5%的同时，高温强度显著提高。随着更多国家和地区航天及军事工业的发展，高温W-Cu复合材料在该领域的应用也将不断拓展。但作为高科技及军事国防用W-Cu复合材料，其可靠性必须

得到保证，这便对材料性能提出了更高的要求，特别是高温强度和高温燃气中的烧蚀性能等。表1-2所列为我国钢铁研究总院安泰难熔生产的高温用W-Cu复合材料的主要性能指标。

表1-2 高温用W-Cu复合材料的主要性能

铜含量/(%)	相对密度/(%)	硬度/HRC	断裂韧性/(MPa·$m^{1/2}$)	抗拉强度/MPa		
				室温	800℃	1800℃
13.2	98.5	28	17.2	822	307	54
7.6	98.6	33	14.1	948	340	98
5.9	98.4	33	13.0	755	343	84

1.2 功能梯度材料(FGM)的发展和应用

1.2.1 FGM的发展现状

20世纪80年代，随着航空航天等领域高技术的发展，尤其是人类对高性能航空航天飞行器的不断追求，对材料的要求更加苛刻。例如，以航天飞机的推进系统中最有代表性的超音速燃烧冲压式发动机为例，燃烧室内的工作温度常常超过2000℃，对燃烧室内壁产生强烈的热冲击；在如此高的热负荷下，必须用燃料液氢对燃烧室外壁进行冷却，此时燃烧室内外壁温差达到1000℃，这么高的温差将产生极大的热应力。能满足如此苛刻的工作环境要求的发动机材料必须具备以下特点：工作的一侧要具有优异的耐热隔热特性，能承受2000K以上的高温和热冲击；与制冷剂接触的一侧能耐低温，且具有优良的导热性能，以保证冷却介质的强制冷却效果；同时材料要有优良的机械性能。陶瓷和耐热金属等单一均质材料无法满足如此苛刻的工作条件，必须开发出一种新型的材料，以满足航空航天技术发展的要求，梯度功能材料便是在此背景下提出的。

1984年前后，日本学者新野政之(Masyuhi NINO)、平井敏雄(Toshio HIRA)和渡边龙三(Ryuzo WATANBE)等提出了功能梯度材料

(Functionally Graded Materials,FGM)的概念,但真正的研究则起始于1987年日本“用于热应力缓和的FGM开发基础技术的研究”的研究项目的提出,随即在世界范围内引发了梯度功能材料的研究热潮。所谓功能梯度材料,就是依据使用要求,选择两种不同性能的材料,采用先进的材料复合技术,使中间部分的组成和结构连续地呈梯度变化,内部不存在明显的界面,从而使材料的性质和功能沿厚度方向也呈梯度变化的一种新型复合材料。图1-1为功能梯度材料结构示意图。它的最大特点是克服了两种材料结合部位的性能不匹配因素,同时材料的两侧具有不同的功能;其设计目的是消除非均一材料中的宏观界面,合成一种机械、物理和化学特性连续变化的非均一复合材料。例如,对上述的燃烧室壁,与燃料气体接触的内壁使用耐热性的陶瓷,赋予材料耐热性能;与制冷剂接触的外壁使用金属,赋予材料导热性和机械强度。在两者中间,通过连续地控制内部组成和微细结构的变化,使两种材料之间不出现界面。材料从陶瓷过渡到金属的过程中,其耐热性逐渐降低,机械强度逐渐升高,热应力在材料两端均很小,在材料中部达到峰值,从而具有热应力缓和功能。表1-3比较了功能梯度材料与普通混杂材料和复合材料的区别。

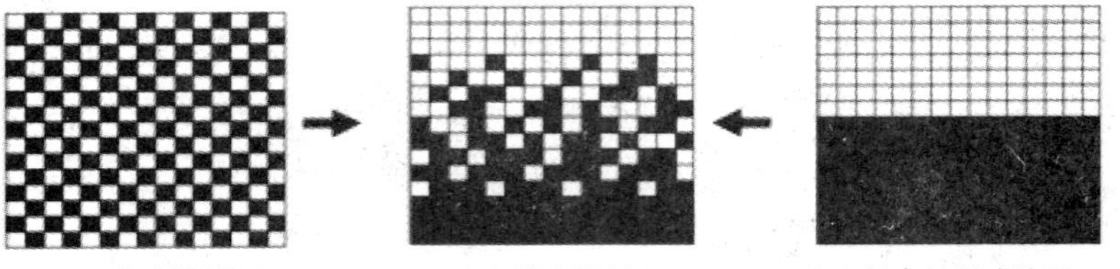

(a)均质材料　(b)梯度材料　(c)复合材料或涂层

图1-1　功能梯度材料结构示意图

自FGM概念被提出以后,鉴于其广阔的应用前景,立即引起了日本、德国、美国、俄罗斯等国的高度重视。1993年,日本启动了FGM第二个国家级五年研究计划,研究的重点是模拟件的试制及其在高温、高温度梯度落差及高温燃气高速冲刷等条件下的实际性能测试评价。除日本外,美国的NASP计划、德国的Sanger计划、英国的HOTOL计划及俄罗斯的图-2000计划等,都把耐热隔热FGM及其制备技术作为重点关键技术来研究开发。近年来我国的一些大专院校和科研机构亦在积极开展这方面的研究,并且将 FGM 的研究与开发列入国家高技术“863”计划。

表 1-3　功能梯度材料与普通混杂材料和复合材料的比较

材料	设计思想	组织结构	结合方式	微观组织	宏观组织	功能
混杂材料	分子、原子级水平合金化	0.1nm～100nm	分子间力	均质或非均质	均质	一致
复合材料	材料优点的相互复合	0.1 μm～10^6 μm	化学键、物理键	非均质	均质	一致
功能梯度材料	特殊功能为目标	10nm～10^7 nm	分子间力、化学键、物理键	均质或非均质	非均质	梯度化

虽然 FGM 自产生以来得到了快速发展，制备技术也有了很大提高，但目前仍基本处于基础性研究阶段。其研究多集中于热应力缓释型材料，研究的重点则围绕材料的结构设计、热应力分析及制备工艺等，而有关 FGM 在工程材料及部件中实际应用的研究却很少，这部分将成为今后 FGM 研究的重点。

1.2.2　FGM 的优化设计

功能梯度材料设计的目的是为了获得最佳的材料组成和组成分布，优化其在制备和服役过程中所产生的热应力大小及其分布状况。功能梯度材料的设计一般采用逆设计系统。其设计过程如下：①根据指定的材料结构形状和受热环境，得出热力学边界条件；②从已有的材料合成及性能知识库中，选择有可能合成的材料组合体系（如金属-陶瓷材料）及制备方法；③假定金属相、陶瓷相以及气孔间的相对组合以及可能的分布规律，再用材料微观组织复合的混合法则得出材料体系的物理参数；④采用热弹性理论及计算数学方法，对选定材料体系组成的梯度分布函数，进行温度分布模拟和热应力模拟，寻求达到最大功能（一般为应力/材料强度值达到最小值）的组成分布状态及材料体系；⑤将获得的结果提交材料合成部门，根据要求进行梯度材料的合成；⑥合成后的材料经过性能测试和评价再反馈到材料设计部门。经过循环迭代设计、制备及评价，研制出实际的功能梯度材料。

图1-2为热应力缓和型功能梯度材料的设计程序流程。

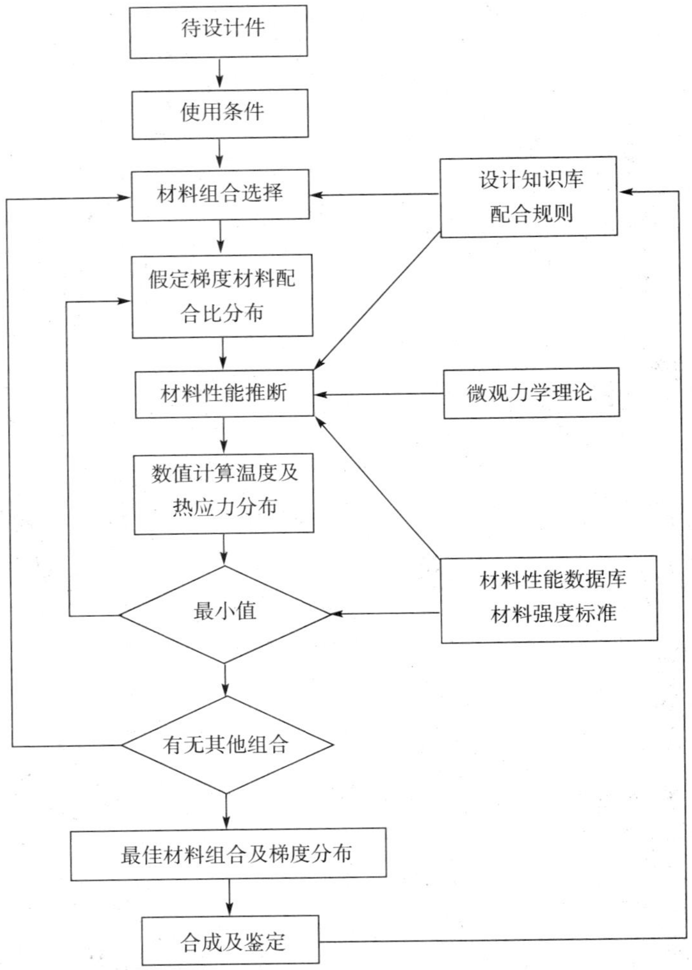

图1-2 热应力缓和功能梯度材料的设计流程

1.2.3 W-Cu功能梯度材料的发展现状

随着微波半导体功率器件不断小型化、高度集成、高功率的发展而导致的高发热率，现有均质的W-Cu复合材料很难同时满足电子基板在散热性能好和热膨胀系数低两个方面的要求，W-Cu功能梯度材料被认为是解决这一问题的有效方法。W-Cu功能梯度材料的一端为具有低膨胀系数的纯钨或高钨合金，而另一端则是纯铜或高铜合金，中间为呈梯度变化的过渡层，这样制成的梯度材料具有极为特异的功能和良好的应用前景。例如，W、Cu梯度功能材料的一个重要用途是作为核聚变实验装置中的面对等离子体部件，可以有效地消除第一壁材料与热沉材料之间的界面热应力；另外，W、Cu功能梯度材料还非常适合作为超高压电触头材料、火箭喷管喉衬、电子束靶等高科技领域中的器件。

目前见报道的制备W－Cu功能梯度材料的方法主要有熔渗法、粉末冶金法、等离子喷涂法等。

1.2.3.1 熔渗法

是使用的最多的一种方法，它一般采用分层装入粒度不同的W粉压制、烧结获取孔隙呈梯度分布的多孔体，随后用熔渗铜的方法，获得W、Cu功能梯度材料。国内主要是北京科技大学无机材料系特种陶瓷中心开展了这方面的研究。北京科技大学周张健等人采用熔渗法制备出了W/Cu功能梯度材料，并对梯度过渡层的显微结构进行了观察，对功能梯度材料的热导率、抗热震性进行了测试。研究表明，梯度W骨架是熔渗法制备出了W/Cu功能梯度材料的关键，可以通过选择适量的造孔剂和W颗粒粒度获得最佳的梯度W骨架。熔渗法的缺点是在熔渗Cu时，Cu相分布不均匀，易在W坯体内部形成闭孔，Cu相不能完全填满孔隙，制备的材料热导率低，且要用机加工去除多余的渗金属铜，增加了机加工费用、降低了成品率。

1.2.3.2 粉末冶金法

由于W、Cu密度、熔点差别大，采用传统的粉末冶金方法很难获得致密的W、Cu功能梯度材料。但通过改变粉末冶金的工艺，如采用热压、特殊烧结方法等，仍然可以获得致密的W、Cu功能梯度材料。周张健等采用热压法制备三层W、Cu功能梯度材料，其密度达到理论密度的94.6%，但成分分布与最初设计的成分分布有较大偏差。这是由于液相热压烧结温度较高、时间较长，Cu发生了较为明显的迁移扩散造成的。凌云汉等根据W和Cu具有明显的熔点和电阻率差的特点，在超高压的条件下通电快速烧结，成功制备了相对密度达到96%的W、Cu功能梯度材料。美国专利是采用粉末冶金方法先制取了两种成分完全不同的W－Cu坯体，把含Cu量较高、热导率较大的坯体嵌入到含铜量较少的另一坯体中，可获得低热膨胀系数和高热导性良好匹配的功能梯度材料。

1.2.3.3 等离子喷涂法

目前采用等离子喷涂法制备W、Cu功能梯度材料主要有两个方向。一个方向是选择Al-12Si、Ni-20Al、Ti等这些热膨胀系数介于W、Cu之间的材料作为过渡层。Riccardi等采用等离子喷涂技术，选用Al-Si和Ni-Al、W作为过渡层，成功制备了W-Cu功能梯度面对等离子部件，喷涂层厚度大约为5mm，密度为理论密度的92%。另一个方向是选择W、Cu梯度层作为过渡层，从而最大限度地消除因W、Cu热膨胀系数不匹配产生的热应力。Liu等首先在Cu基体上喷涂了200 μm梯度层，其中W以20%（质量分数）递增速度从0逐步增加到100%，最后在梯度层表面喷涂了200 μm纯钨，喷涂层的相对密度为92.5%，获得了W、Cu功能梯度面对等离子材料，并对其热疲劳性能和抗热震性能进行了研究，这种材料可以承受热流密度小于$5MW/m^2$的热冲击。等离子喷涂法的缺点是：涂层与基体的结合以机械结合为主，结合强度比较低；涂层孔隙率高，层间结合力低，容易剥落。此外，采用激光烧蚀（Laser Sintering）也能制备W、Cu功能梯度材料，但高温造成铜蒸发使得材料成分难以控制，从而限制了其应用。

1.2.4 W-Cu功能梯度材料的应用

1.2.4.1 面对等离子部件用W-Cu功能梯度材料

面对等离子部件（Plasma-facing Component，PFC）的成功开发是核聚变能获得应用的关键因素之一。核聚变实验装置中的面对等离子体部件分为两个部分：一部分是面对等离子体材料。钨具有较高的熔点、较强的抗等离子体冲刷能力、较低的溅射率等优点，最有希望用作聚变堆中面对等离子体材料；另一部分是热沉材料，用来排除等离子体放电过程中的高热负荷（$5MW/m^2$～$20MW/m^2$）、高粒子通量和中子负载在面对等离子体材料表面产生的高热量，以保证面对等离子体部件的完整性。目前，通常选择铜合金（CuCrZr）和无氧铜作为热沉材料，整个结构如图1-3所示。但由于钨、铜的弹性模量、热膨胀系数差别太大，通过普通的焊接方法或等离子喷涂法将二者结合起来作为面对等离子体部件，容易在制备和服役过程中，在二者界面上产生巨大的热应力，造成界面应力集中，进而导致裂纹的产生以及材料的失效，降低了连接的可靠性和部件模块的使用寿命。因此，必须在两者中间选择一个合适的过渡层，以缓解热应力和增加传热效果。W－Cu 功能梯度材料（FGM）被认为是解决这一问题的最有效方法。

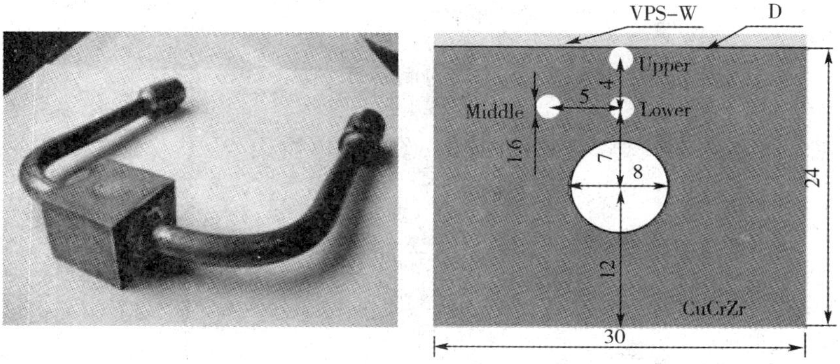

(a)W-Cu 面对等离子体部件实物图　　(b)W-Cu 面对等离子体部件结构图

图 1－3　W－Cu 面对等离子体部件

1.2.4.2　电子材料领域用 W－Cu 功能梯度材料

近年来，由于 W－Cu 复合材料优异的热、电性能，在大规模集成电路和大功率微波器件中应用 W－Cu 复合材料作为基片、嵌块、连接件和散热元件得到了迅速的发展。但随着集成电路的集成度和微波功率器件的功率大幅度增加，使用过程中产生的热量也随之增加。因此，研制高性能散热材料是微波功率器件高性能化的关键。对于传统的 W－Cu 均质热沉材料，由于要考虑与陶瓷基板的封接问题，要求热沉材料具有低的热膨胀系数，因而在设计成分时不得不采用 W 含量较高的 W－Cu 复合材料。因此，在保证与基板封接要求的前提下，进一步提高均质 W－Cu 复合材料的热导率就极为困难。然而，上述高热导率和低膨胀系数的矛盾在梯度结构的 W－Cu 复合材料上得到了有效的解决，通过成分的调节，使具有成分梯度变化的 W－Cu 梯度复合材料在与陶瓷半导体相封接的一面具有低的热膨胀系数；而另一面通过提高 Cu 的含量来提高其导热性能，进而同时满足了高导热和低热膨胀系数的要求。正是由于 W－Cu 功能梯度材料在这方面的优势，使其成为高性能散热材料的主要研究方向之一。

1.3　W－Cu 复合材料的制备方法

1.3.1　传统 W－Cu 复合材料的制备工艺

图 1－4 为 W－Cu 二元相图。从图中可以看出 W、Cu 之间在低温和高

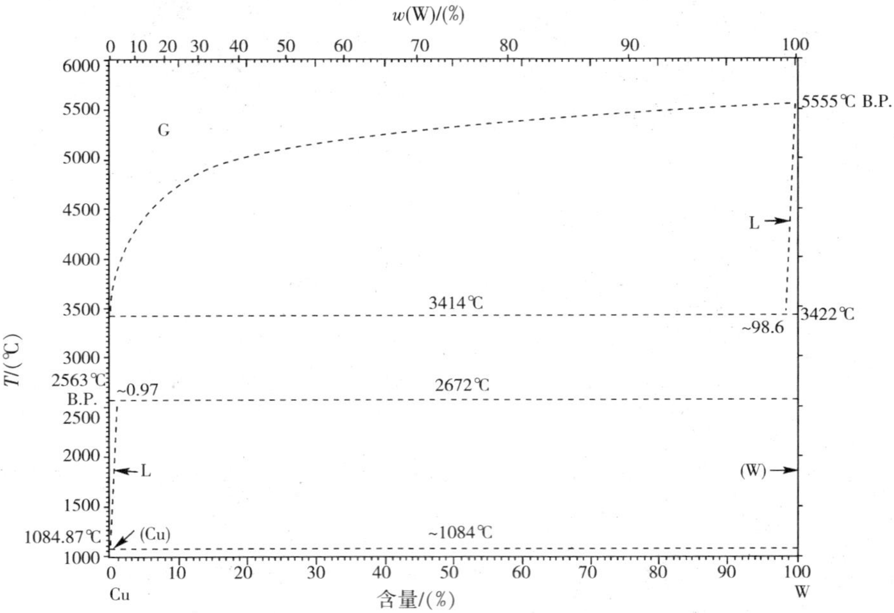

图 1－4　W－Cu 二元相图

温状态下都互不相溶，因此常规的冶金法无法生产 W－Cu 复合材料，只有采用其他方法来获得 W－Cu 复合材料。传统工艺中，熔渗法和粉末冶金法已经被较为广泛地应用在 W－Cu 复合材料的制备方面。熔渗法是将钨粉或掺入部分铜粉的混合粉通过特殊的压制工艺制成内部连通的钨骨架，然后将铜熔化后渗入到钨骨架的孔隙中形成钨铜合金，采用这种方法制备的钨铜合金材料相对密度较高，性能较好，是制取高性能钨铜的主要方法；一般粉末冶金方法，由于钨铜互不相溶，其烧结性能较差，难以实现完全的烧结致密化，另外也难以形成均匀化的微观结构或灵活地调整钨铜合金的成

分，因此，通常添加 Ni、Co、Fe、Pd 等元素实现活化烧结，以获得较为理想的材料。另外，注射成型技术(Powder Injection Molding，简称 PIM)也被广泛应用到 W－Cu 复合材料的制备中。它是在注射钨坯的基础上形成的，随着注射成型技术的发展，注射成型工艺由于具有独特的优越性而受到材料工作者的广泛关注。

1.3.1.1 熔渗烧结

熔渗法是将钨粉或者混有少量铜粉的钨粉压制成坯，随后预烧制备成具有一定密度和强度的多孔钨基体骨架，然后将熔点较低的金属铜与预烧坯，或直接与钨压坯叠置在一起，接着在还原气氛或真空气氛中于高于铜熔点的温度下进行烧结，熔融的铜在毛细管力的作用下渗入钨骨架。其机理主要是当金属液相润湿多孔基体时，金属液在毛细管力作用下沿颗粒间隙流动填充多孔钨骨架孔隙，从而获得较致密的材料。烧结和熔渗可分步或同步进行，分步进行所获得的钨骨架强度更高，材料耐弧蚀性更强。该方法制备的 W－Cu 复合材料的优点是可以获得相对较高的致密度，产品的烧结性能好，且热导和电导性能也较理想。熔渗法的不足之处是所制备 W－Cu 复合材料受成分限制，不能制备含 Cu 量较低和较高的复合材料；另外，不适用于形状复杂 W－Cu 部件的制造；必须在较高的温度下进行，液相 Cu 仅依靠钨骨架孔隙的毛细作用渗入，易导致钨颗粒的聚集长大和造成铜凝固相粗大，很难保证铜分布的均匀性，因此势必影响到材料性能。

1.3.1.2 W－Cu 混合粉的活化液相烧结

已有的研究证明，在 W－Cu 复合材料制备过程中加入微量(0.1 %～0.5%)Ni、Co、Fe、Pd 等第三种金属元素，促使不溶解于 Cu 的 W 相溶解于 Cu 相中，而在液相烧结过程中形成含有这些金属元素的合金相，进而促进烧结的致密化过程。与高温液相烧结法相比，活化强化液相烧结的特点是不仅降低了烧结温度，缩短了烧结时间，而且烧结体致密度大大提高。目前的研究表明，Pd、Ni 较多的溶解于 Cu，与 Cu 形成无限固溶体，但是仅能使 W 在液相中的溶解度少量增加，达不到明显的活化效果。与此相反，Co、Fe 在 Cu 中溶解度有限，仅能形成有限固溶体，在烧结过程中会在晶界析出，与 W 形成稳定的金属间化合物，形成大量高扩散性界面层，极大地促进固相 W 颗粒的烧结，且随着活化剂添加量的增加，活化愈明显。虽然活化强化液相烧结可使W-Cu复合材料获得较高的相对密度、硬度、抗弯强度等性能，但烧结活化剂的加入会影响Cu相的导电、导热性能，进而降低W-Cu材料的导电、导热性能，不利于其在热控及电控材料中的应用。因此，该方法所制备的材料只适用于对导电、导热性能要求不高的场合。

1.3.1.3　钨铜复合材料的注射成型技术

金属粉末注射成型技术是一种新型的粉末冶金净成型技术，在制备具有复杂几何形状均匀组织结构和高性能、高精度净成型及低成本等方面具有独特的优势，且能够完全实现自动化连续操作，生产效率高。研究表明，粉末注射成型工艺生产小尺寸、复杂形状W-Cu净成型产品，既经济又有效。目前，注射成型技术在W-Cu复合材料的制备方面的应用主要有两种形式。

(1)与熔渗相结合的方法，即先将W粉注射成型制成相应形状的钨骨架坯料，然后经脱脂处理、烧结获得多孔钨坯，再渗铜制得所要求的成分和形状的W-Cu产品。美国的German等人采用注射成型技术制备钨骨架，获得了较好的效果。他们将预先制备的钨骨架经900℃预烧，在1500℃熔渗90min～120min，所获得的合金性能优良。目前该方法的不足具体表现在：熔渗后需要进行机加工以去除多余的金属铜，增加了后续机加工费用，工艺成本较高、工艺复杂，降低了成品率，而且也不利于在形状复杂零部件中采用。

(2)将预先制备的W-Cu混合粉末直接注射成型，得到所需成分和相应形状的W-Cu坯料，然后经脱脂处理、烧结等工艺，获得相对密度较高的W-Cu产品。该工艺要求原始粉末颗粒近球形、粒度细、流动性好，以保证均匀的分散度。Kim等就W-Cu30纳米复合粉末“T”形模的注射成型参数及黏结剂的脱除过程进行研究，获得了表面质量良好、形状规则的坯体。黏结剂脱除率大于99%，坯体直接烧结所得部件致密度高于96%。

1.3.2　细晶钨铜复合材料的制备工艺

全致密、高性能的细晶结构钨铜复合材料的制备，关键在于纳米结构W-Cu复合粉体的获取。近年来，由于纳米技术的飞速发展，国内外学者对制备纳米W-Cu粉末已进行了较多的研究，并取得了不少成果。目前，国内外研究较多的纳米 W－Cu 复合粉的合成方法有溶胶-凝胶法、喷雾干燥法、机械-热化学法、机械合金化法等。

1.3.2.1 溶胶-凝胶法

溶胶-凝胶法是以金属醇盐及其化合物为原料，在一定的介质和催化剂条件下进行水解-缩聚反应使溶液变成凝胶，再经干燥、热处理等过程得到合成材料的方法。其基本反应有水解和聚合反应，可在低温下制备高纯度、均匀分布、化学活性高的单、多组分混合物(分子级混合)。这种方法制备样品有以下几个优点：

(1)纳米粉末样品结构单一，化学均匀性好；

(2)样品纯度高；

(3)样品所需热处理温度比较低；

(4)样品颗粒比较细。

同传统烧结法相比，溶胶-凝胶法制品均匀度较高、纯度高，烧结方法比传统方法低 400℃～500℃，反应过程易于控制，可大幅度减少副反应所形成的新相。Raghunathan 等人用溶胶-凝胶法制备了多种尺寸在 10nm～30nm 的纳米晶 W 基复合粉末，如元素 W 粉末，W－Mo、W－Cu、W－Ni 和 WC－Co 等复合粉末，解决了机械混合法制备 W－Cu 复合粉粒径较大、机械杂质较多、钨铜混合不均匀等问题。但是该方法所用原料成本较高，处理时间较长，制品易开裂，当烧结不完善时制品中会残留细孔及 OH—或 C，并且工艺过程较复杂，在批量生产时有较大困难。

1.3.2.2 喷雾干燥法

喷雾干燥法又称作热化学合成法。它是将溶液通过物理手段进行雾化获得超微粒子的一种化学与物理相结合的方法，其过程包括原始溶液制备与混合、喷雾干燥和流化床转换三个阶段。首先将多种金属盐溶液混合，得到混合溶液，如将仲钨酸铵或偏钨酸铵与其他金属 Cu、Ni、Fe 的金属盐水溶液混合后送入雾化器，由喷嘴高速喷入干燥室获得金属盐的微粒，收集后进行焙烧，即得到纳米晶氧化物复合粉末前驱体的超微粒子，形状类似于壳状的球形粉末。然后将前驱体粉末在一定的条件下经过还原或炭化，即可得到所需成分的单组元、多组元的合金复合粉末或碳化物。该方法最先是由美国 Rutgers 大学的 McCandish 和 Kear 发明的，他们在热化学合成原理的基础上，成功地制取了用于小于50nmWC－Co系硬质合金的纳米级复合氧化物粉末。由这种粉末制备的硬质合金微型钻，其使用寿命比常规硬质合金高3倍，综合力学性能显著提高。

目前，喷雾干燥法已被用于制备WC－Co、W－Cu、W－Ni－Fe等钨合金和陶瓷纳米复合粉末。由于该工艺过程控制简单，且不引进其他异类杂质，因此，适合于批量生产，具有广阔的应用前景。

喷雾干燥法所制备的W－Cu前驱体粉末一般呈球形空心壳体，喷雾干燥后的粉末必须经过流化床转化才能得到相应的金属复合粉末。流化床转化分两个阶段进行，最终经过H_2气氛还原成W－Cu复合粉末，还原过程必须加以严格控制，才能得到纳米级的W－Cu复合粉末。目前，国内Shi X. L. 等人采用喷雾干燥法结合800℃氢气气氛下连续焙烧还原2h，制备了平均晶粒尺寸约500nm的W－20Cu超细复合粉末，其粉末表面形貌如图1－5(a)所示。通过该方法结合30MPa压力下，于1200℃等离子烧结10min制备出W－15Cu合金，其断口形貌如图1－5(b)所示。该合金抗弯强度为1259MPa，维氏硬度为379HV，平均晶粒尺寸0.8 μm，热导率达到189 W/(m·K)。苏维丰等人采用喷雾干燥-氢还原法获得了粒度细小、氧含量低、W、Cu复合均匀的W－10Cu、W－15Cu和W－20Cu(质量分数)超细钨铜复合粉，并经过成型，在氢气气氛和1300℃条件下烧结制得W－15Cu复合材料。其W的颗粒尺寸一般在2.0 μm左右，相对密度达到99.34%，热导率为184.0 W/(m·K)。图1－6所示分别为经过820℃还原的W－15Cu复合粉末的SEM形貌和W－15Cu烧结合金显微组织。

(a)W-20Cu超细复合粉末形貌

(b)W-15合金断口形貌

图1－5　喷雾干燥法结合氢气还原工艺制备的W－Cu粉体及复合材料

(a)超细复合粉末形貌

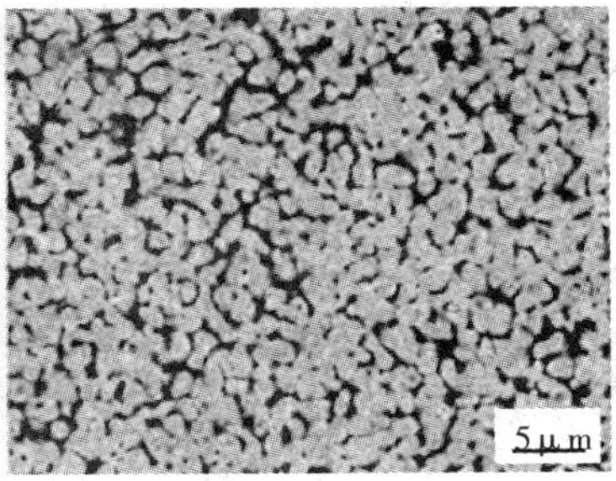

(b)烧结合金形貌

图1-6　喷雾干燥-氢还原法制备的W-15Cu粉末及复合材料

1.3.2.3　机械-热化学合成法

W-Cu复合材料的机械-热化学合成法是在氧化物共还原工艺的基础上发展而来的，其是将机械球磨合化学制备工艺相结合，在没有烧结活性剂的情况下制备高致密复合材料的方法。采用机械-热化学法制备的W-Cu复合粉末颗粒大小和成分均匀，且弥散分布，有利于缩短烧结时W颗粒在液相Cu的作用下重排距离，促进烧结致密化，并更易形成均匀连续分布的凝固Cu相。Hong S. H. 和 Kim B. K. 通过氧化物粉末制备、氧化物混合粉末湿磨合最终的还原工艺三步机械-热化学工艺，获得了W颗粒尺寸为30nm～100nm，成分分布均匀的W-20Cu复合粉体。复合粉体形貌如图1-7(a)所示，氢气气氛下1250℃烧结1h得到的块体形貌如图1-7(b)所示，材料相对密度达到98.5%，热导率达到(239±5)W/(m·K)，粉体表现出较高的烧结性能。另外，国内程继贵教授课题组为避免高能球磨氧化物过程中引入杂质，而采用高压空气对WO_3、CuO粉末进行气流粉碎取代机械球磨，然后通过共还原的方法制备出纳米粒度(50nm～100nm)的W-20Cu复合粉末，并研究了纳米W-Cu复合粉末成型压坯的烧结行为和烧结体性能。结果表明，该粉末烧结活性较高，其成型压坯在1200℃下，于H_2气氛中烧结后相对密度可达98%以上，且烧结体晶粒细小均匀，其抗弯强度和维氏硬度分别超过1000MPa和300MPa，电导率高于35%IACS。图1-8为气流粉碎-共还原法制备的纳米W-20Cu粉末及复合材料，图1-8(a)为TEM形貌，图1-8(b)为1200℃烧结体的形貌。

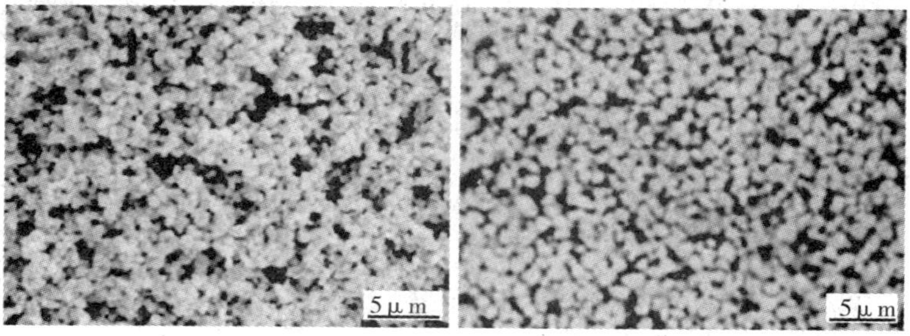

(a)复合粉末形貌　　　　(b)烧结块体的形貌

图 1-7　三步机械-热化学工艺获得的 W-20Cu 粉末及复合材料

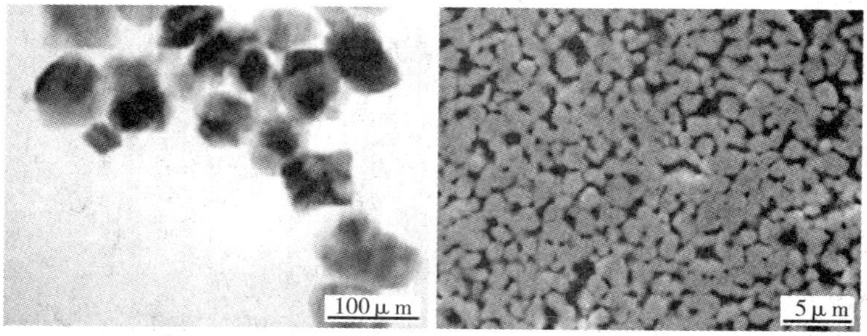

(a)粉末 TEM 形貌　　　　(b)1200℃烧结体的形貌

图 1-8　气流粉碎-共还原法制备的 W-20Cu 粉末及复合材料

1.3.2.4　机械合金化

机械合金化是指金属或合金粉末在高能球磨机中通过粉末颗粒与球磨之间长时间激烈地冲击、碰撞，使粉末颗粒反复产生冷焊、断裂，导致粉末颗粒中原子扩散，从而获得合金化粉末的一种粉末制备技术。该技术最早是美国国际镍公司的本杰明(Benjamin)等人于 1969 年前后研制成功的一种新的材料制备技术，最初称之为“球磨混合”，并在随后 INCO(国际镍公司)的专利申请中更名为机械合金化(Mechanical Alloying，简称 MA)。机械合金化粉末经过反复形变、冷焊和撕裂处于极高的畸变储能状态，通常具有严重的晶格畸变、高密度缺陷、交替的层状结构和纳米级的精细结构，其热力学和动力学特征与常规固相反应所获得的粉末不同，具有偏离平衡态的属性，从而有可能制备出常规条件下难以合成的许多新型材料。如今，该技术已被广泛用来合成过饱和固溶体、纳米晶、亚稳态晶体等材料，是制备纳米晶复合粉的常用方法，具有工艺简单、产量大、整个过程在室温固态下进行、无需高温熔化、工艺简单灵活等优点。

近年来，机械合金化技术在制备纳米结构 W－Cu 复合材料方面成为国内外研究的热点。由于机械合金化技术的特殊性可使互不相容的 W－Cu 等合金元素之间发生相互扩散，形成具有一定溶解度或较大溶解度的 W－Cu超饱和固溶体，进而可以改善 W－Cu 复合粉末的烧结性能，为制备高致密度的 W－Cu 复合材料提供了新的途径。Upadhyaya A. 和 German R. M. 通过对 W－Cu 球磨粉末烧结行为的研究发现，W 和 Cu 粉末球磨后可以有效抑制 W－Cu 粉末压坯在烧结初期 Cu 引起的坯体的膨胀，大大提高烧结体的密度和较好地保存烧结体原始形状。Kecskes 等人采用机械合金化的方法制备了 W－20Cu 复合粉末及其复合材料，研究了球磨时间和球磨介质（分别为空气和正己烷）对粉末性能的影响。认为空气是更为有效的球磨介质，球磨 480min 的复合粉末在 1523K 烧结获得的复合材料的致密度最高，组织最均匀（如图 1－9 所示），并发现残留的 Fe、O、C 等杂质对复合材料的性能产生了较大影响。Maneshian M. H. 和 Simchi A. 也采用机械合金化的方法制备了 W－20Cu 复合粉末，并研究了球磨时间和 MA 工艺对压坯烧结性能的影响。结果表明，MA 工艺改变了 W－W 之间的网络结构，强化了固相阶段的烧结致密化，MA 粉体的显微结构对烧结反应具有重要的影响，延长球磨时间和固相烧结时间有利于材料硬度和电导率的提高。球磨 60h 的 W－20Cu 复合粉末的显微结构和球磨 20h 于 1200℃下烧结得到的复合材料光学照片，如图 1－10 所示。

（a）粉末形貌

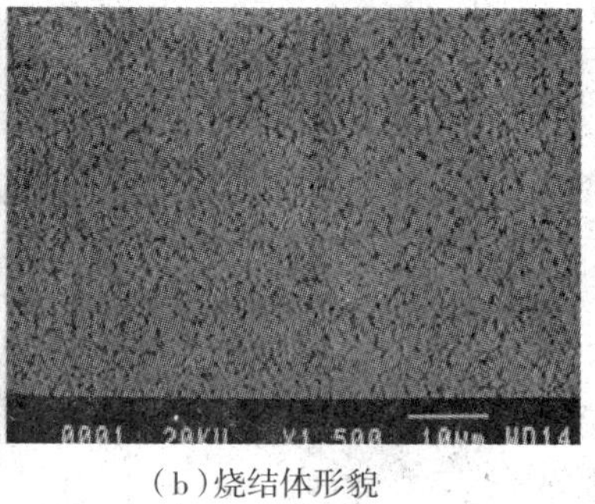

（b）烧结体形貌

图 1－9 空气介质下机械合金化 480min 获得的 W－20Cu粉末及复合材料

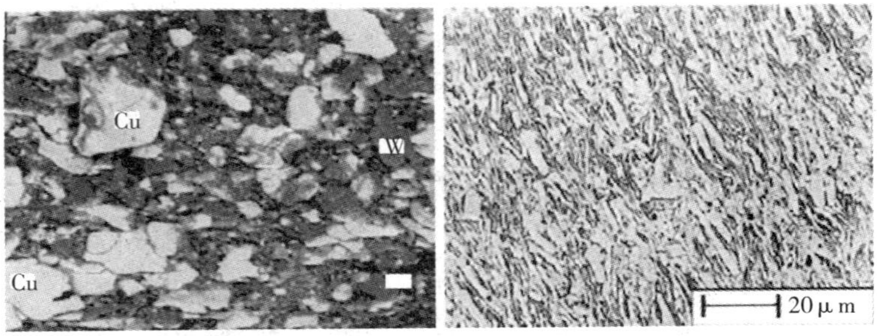

(a)MA 60h的粉末显微结构　(b)MA 20h,1200℃烧结的复合材料形貌

图1-10　MA制备的W-20Cu复合粉末及烧结得到的复合材料

1.3.3 FGM的主要制备技术

功能梯度材料制备技术是功能梯度材料研究的主要内容之一,对其组织和性能有着十分重要的影响。在对功能梯度材料的结构和成分进行正确设计的基础上,还必须对原材料以及烧结温度、压力、气氛等工艺参数进行合理的设计和选择,以获得具有特定梯度结构和性能的材料。制备功能梯度材料的方法很多,主要有粉末冶金法、等离子喷涂法、气相沉积法、自蔓延高温合成法等。

1.3.3.1 粉末冶金法

粉末冶金法(PM)是先将颗粒状原材料按设计的梯度成分成型,然后采用常压烧结、热压烧结、热等静压烧结、反应烧结等方法而制成功能梯度材料。粉末冶金法的优点是设备简单、成本低、易于实现大规模生产等,但工艺比较复杂,需要对保温温度、保温时间和冷却速度进行严格控制,另外只能制备形状尺寸比较简单的制品。按照工艺的不同,粉末冶金方法可以分为叠层压制烧结法、喷射沉积法、粉浆浇注法等。

(1)叠层压制烧结法

该法是将按不同混合比均匀混合的原料粉末或不同组分的薄膜逐层填充,使成分呈梯度分布,再压制烧结而成。这是一种传统的成型技术,层与层之间不连续,成分呈阶梯式变化。国内研究人员采用这种方法,成功制备了SiC/C、ZrO_2/$NiCrSi_3N_4$/SUS(不锈钢)和ZrO_2/SUS等多种功能梯度材料。国外的日本东北大学采用该法研究了ZrO_2/W、PSZ/Mo系FGM。Grujicic等用该法已制备出MgO/Ni系的FGM。

(2)喷射沉积法

该方法通过连续改变原料粉配比,可控制喷射层的成分,从而解决了叠层法层与层之间不连续的问题。通过喷射沉积,可以直接得到金属和陶瓷粉末相,组成具有最佳梯度分布的预成型坯,然后经过压制、烧结获得FGM。研究表明,采用这种方法制备的FGM沿截面成分的梯度连续性,明显优于叠层压制烧结法制备的FGM。

(3)粉浆浇注法

该方法是将原料粉末均匀混合成浆料,注入模型内干燥,通过连续控制浆料配比,可得到成分连续变化的工件。该工艺的关键是如何防止试样成型后干燥时因收缩不均匀引起的变形和开裂。韩国汉阳大学利用该法制备出Y_2O_3-ZrO_2/304不锈钢系的FGM;日本九州大学则用粉浆浇注法制备出Al_2O_3/N/Ni/Cr系的FGM;加拿大工业材料研究所也用该方法制备出Al_2O_3/ZrO_2系FGM。

1.3.3.2 等离子喷涂法

等离子喷涂法是利用送粉气流将原料粉末送至等离子射流中,粉末被迅速加热和加速形成熔融或半熔融的粒子束,撞击到经预处理的基体上形成多层喷涂层,通过改变原料粉末的组成比例、等离子射流的温度、喂粉速度等喷涂参数来调整组织和成分,获得功能梯度材料。等离子喷涂法的优点是等离子温度高,可以喷涂一切难熔金属和非金属粉末;另外,粉末组成可以连续变化、沉积率高、无需烧结、不受基体形状和大小的限制。但梯度涂层与基体间的结合强度不高,存在涂层组织不均匀、孔隙率高等缺陷。按照喷涂装置的不同,等离子喷涂工艺又可以分为以下两种:

(1)采用单枪等离子喷涂装置

单枪等离子喷涂法是将两种粉末预先按设计混合比例混匀后,采用单送粉器输送多种粉料,也可以采用双送粉器或多送粉器分别输送金属粉和陶瓷粉,通过调整送粉率实现两种材料在涂层中的梯度分布,前一种送粉方式只能获得成分呈阶梯式过渡的梯度层,而后一种送粉方法能够获得成分连续变化的梯度层。

(2)采用双枪等离子喷涂装置

以喷涂金属/陶瓷功能梯度涂层为例,其中一只喷枪喷射金属粉末,如

Ni、Mo等，另一只喷枪喷射陶瓷粉末，如TiC、SiC等，使金属粉末和陶瓷粉末同时沉积在同一位置，通过控制两只喷枪的送粉率实现成分的梯度分布。由于金属粉末与陶瓷粉末的喷涂工艺完全不同，采用双喷可以根据粉末种类分别调整喷枪位置、喷射角度以及喷涂工艺参数，以便精确地控制粉末的梯度成分和喷射量。这是单喷无法做到的。但在喷涂过程中，可能产生双枪等离子射流之间的相互干扰以及喷涂条件变化导致异种粒子间结合不牢。

采用等离子喷涂法，新日本制铁公司制备了厚1mm和4mm的ZrO_2-8/Y_2O_3/Ni-20Cr系FGM薄膜。Khor等制备了YSZ/NiCoCrAl FGMs，并研究了其微观结构、理化性能和热性能。我国的哈尔滨工业大学采用单喷法在TC4合金基体上得到厚为2.2mm的ZrO_2-NiCoCrAlY的热障FGM涂层。王鲁等在金属基体表面制备了ZrO_2和NiCrAl体积分数不等的六个梯度层，并研究了两相材料的体积变化对富陶瓷区界面热应力的影响。

1.3.3.3 气相沉积法

气相沉积法可分为物理气相沉积法（PVD）和化学气相沉积法（CVD）等，主要通过控制弥散相的浓度在厚度方向上实现组分的梯度化，合成的梯度层组织致密，并可制备出面积大的梯度膜，但合成速度低，制备的梯度膜厚度较小，通常厚度小于1mm，如何提高气相沉积速度并得到厚度大的梯度膜是今后研究的重点。

（1）物理气相沉积法（PVD）

PVD法是通过各种物理方法，如直接通电加热、电子束轰击、离子溅射等，使固相物质蒸发后在基体表面成膜的制备方法。通过改变蒸发源，可以合成多层不同的膜，形成梯度膜。该法沉积温度低，对基体热影响小，但沉积速率低，不能连续控制成分分布。日本科技厅金属材料研究所用Ar等离子体使水冷铜坩埚内的金属Ti或Cr蒸发，通过调节通入金属蒸气中N_2或C_2H_2的流量，制备出Ti/TiC、Ti/TiN、Cr/CrN系的FGM。

（2）化学气相沉积法（CVD）

CVD法是将两相气相均质源输送到反应器中进行均匀混合，在热基板上发生化学反应，并使产物沉积在基板上形成薄膜。CVD法的优点是：容易实现分散相浓度的连续变化，可使用多元系的原料气体合成复杂的化合物；沉积速度快，采用喷嘴导入气体，能以1mm/h以上的速度成膜，通过控制反应气体的压力、组成及反应温度，精确地控制梯度沉积膜的组成与结构。采用CVD法，国内外已制备出厚度为0.4mm～20mm的C/C、SiC/C、TiC/C系的FGM。另外，分子束外延、化学束外延、离子镀等超微粒子工艺的产生，为CVD法制备FGM提供了新的手段。例如，用靶溅射仪和$Ar \sim N_2$气氛，在玻璃和铁单晶(001)上制备氮化铁梯度薄膜。

1.3.3.4 自蔓延高温燃烧合成法(SHS)

自蔓延高温燃烧合成法是通过加热原料粉局部区域激发引燃反应，反应放出的大量热量依次诱发邻近层的化学反应，从而使反应自动持续地蔓延下去，如图1-11所示。SHS法制备的FGM不仅反应速度快、能耗少、设备简单、使用范围大、合成产物纯度高，而且由于SHS燃烧反应速度快(反应过程中快速移动的燃烧波达0.1cm/s～25cm/s)，原先坯体中的成分梯度组成不会发生改变，从而最大限度地保持了原先设计的梯度组成。但SHS法仅适合存在高放热反应的材料体系，金属与陶瓷的发热量差异大，烧结程度不同，很难控制，从而使材料出现致密度低、空隙率大、机械性能差等缺陷。针对SHS法的不足，国外开展了SHS法的反应控制技术、加压致密化技术和宽范围控制技术研究。如日本东北工业技术实验所把静水加压法或热等静压法与SHS结合起来；大阪大学采用电磁加压式SHS法合成了TiB_2/Cu梯度材料。目前，利用SHS法，国内外已经成功制备出Cu/TiB_2、Al/TiB_2、Ni/TiC、$MoSi_2$/Al_2O_3/Ni/Al_2O_3/$MoSi_2$等功能梯度材料。

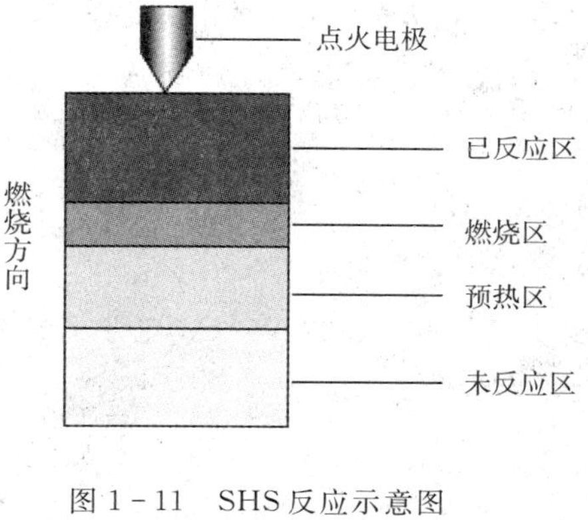

图1-11 SHS反应示意图

除了上述粉末冶金法、等离子喷涂法、气相沉积法和自蔓延高温合成法等基本的FGM合成技术外，还有电沉积法、电铸法、直接通电烧结法、爆炸合成法和溶胶-凝胶法等。采用不同的方法，都各有其优缺点，所获得的FGM的尺寸、组织和性能也各不相同。

参考文献

[1]Kim Y D, Oh N L, Oh S T, et al. Thermal conductivity of W-Cu composites at various temperatures [J]. Materials Letters, 2001, 51(5): 420～424

[2]周武平，吕大铭．钨铜材料应用和生产的发展现状[J]．粉末冶金材料科学与工程，2005，10(1)：21～25

[3]宋贞桢．W-Cu纳米复合粉体及合金的制备[D]．北京：北京科技大学，2004

[4]范景莲．钨合金及其制备新技术[M]．北京：冶金工业出版社，2006：1～2

[5]范景莲，彭石高，刘涛，等．钨铜复合材料的应用与研究现状[J]．稀有金属与硬质合金，2006，34(3)：30～35

[6]李云平，曲选辉，段柏华．W-Cu(Mo-Cu)复合材料的最新研究状况[J]．硬质合金，2001，18(4)：232～236

[7]陈文革，丁秉均．钨铜基复合材料的研究及进展[J]．粉末冶金工业，2001，11(3)：45～50

[8]姜国圣，王志法，刘正春．高钨钨-铜复合材料的研究现状[J]．稀有金属与硬质合金，1999，136：39～42

[9]Yang B, German R M. Powder injection molding and infiltration sintering of superfine grain W-Cu [J]. The International Journal of Powder Metallurgy, 1997, 33 (4): 55～63

[10]王志法，刘正春，姜国圣．W-Cu电子封装材料的气密性[J]．中国有色金属学报，1999，9(2)：323～326

[11]吕大铭．钨铜材料的生产、应用和发展[J]．中国钨业，2004，19(5)：69～74

[12]雷纯鹏，程继贵，夏永红．新型钨铜复合材料的制备和性能研究的

新进展[J]. 金属功能材料,2003,10(4):24～27

[13]李志翔,杨晓青. W-Cu合金的最新研究进展[J]. 工程材料,2005,32(8):53～59

[14]范景莲,刘军,严德剑,等. 细晶钨铜复合材料制备工艺的研究[J]. 粉末冶金技术,2004,22(2):83～86

[15]杨明川,宋贞桢,卢柯. W-20Cu纳米复合粉的制备[J]. 金属学报,2004,40(6):639～642

[16]Srikanth R, Bourell D L. Synthesis and evaluation of advanced nanocrystalline tungsten-based materials [J]. P/M Science & Technology Briefs, 1999, 1(1): 9～14

[17]Cheng J G, Lei C P, Xiong E T, et al. Preparation and characterization of W-Cu nanopowders by a homogeneous precipitation process [J]. Journal of Alloys and Compounds, 2006, (421): 146～150

[18]Li Y P, Qu X, Zheng Z S, et al. Properties of W-Cu composite powder produced by a thermo-mechanical method [J]. International Journal of Refractory Metals & Hard Materials, 2003, (21): 259～264

[19]牟科强. 氧化物共还原制取W-Cu和Mo-Cu复合材料的研究[J]. 粉末冶金工业,2004,14(5):13～16

[20]杨红伟. W-Cu系纳米材料的机械合金化制备及组织、性能的研究[D]. 北京:北京科技大学,1999

[21]曹顺华,林信平,李炯义. 纳米晶W-Cu复合粉末烧结行为[J]. 中国有色金属学报,2005,15(2):248～253

[22]Skorokhod V V, Solonin Y M, Filippov N I. Solid-phase sintering of ultrafine W(Mo)-Cu composite powders [J]. Powder Metallurgy and Metal Ceramics, 1984, 23(1): 19～24

[23]Lee J S, Kim T H. Densification and microstructure of the nano-composite W-Cu powers [J]. Nanostructured Materials, 1995, 6: 691～694

[24]Hong S H, Kim B K, Munir Z A. Synthesis and consolidation of nanostructured W-10-40 Cu powders [J]. Materials Science and

Engineering A，2005，405(1～2)：325～332

[25]Lee G G，Ha G H，Kim B K. Synthesis of high density ultra-fine W-Cu composite alloy by mechano-thermochemical process [J]. Powder Metallurgy，2000，43(1)：79～82

[26]Kim J C，Ryu S S，Moon I H. Nanostructural characteristics and sintering behavior of W-Cu composite powder prepared by mechanical alloying [J]. Journal of advanced materials，1999，31(4)：37～44

[27]Ryu S S，Kim Y D，Moon I H. Dilatometric analysis on the sintering behavior of nanocrystalline W-Cu prepared by mechanical alloying [J]. Journal of Alloys and Compounds，2002，335(1～2)：233～240

[28]Moon I H，Ryn S S，Kim J C. Sintering Behavior of Mechanical Alloyed W-Cu Composite Powder [C]//Proceedings of the 14th International Plansee Seminar，Reutte，1997：16～26

[29]Xiong C S，Xiong Y H，Zhu H，et al. Synthesis and structural studies of the Cu-W alloys prepared by mechanical alloying [J]. Nanostructure Materials，1995，5(4)：425～432

[30]陈德欣．钨铜电子封装材料的工程化研究[D]．长沙：中南大学，2005

[31]吴人洁．复合材料[M]．天津：天津大学出版社，2000

[32]聂存珠，赵乃勤．金属基电子封装复合材料的研究进展[J]．金属热处理，2003，28(6)：1～5

[33]Zweben C. Metal-Matrix composites for electronic packaging [J]. JOM，1992，44(7)：15～23

[34]German R M，Hens K F，Johnson J L. Powder metallurgy processing of thermal management materials for microelectronic applications [J]. The International Journal of Powder Metallurgy，1994，30(2)：205～215

[35]雷纯鹏．超细W-Cu复合粉体的制备及其烧结性能的研究[D]．合肥：合肥工业大学，2004

[36]王铁军,周武平,熊宁,等．电子封装用粉末冶金材料[J]．粉末冶金技术,2005,23(2):145～151

[37]陈文革,张珂,丁秉均．W－Cu触头材料电寿命的研究[J]．粉末冶金技术,2003,21(4):224～227

[38]杨建明,乔斌,李化强．电火花加工用工具电极材料的研究进展[J]．工具技术,2007,41(8):13～16

[39]高娃,张存信．钨铜合金的最新研究进展及应用[J]．新材料产业,2006,(2):57～60

[40]陈伟,邝用庚,周武平．中国高温用钨铜复合材料的研究现状[J]．2004,33(1):11～14

[41]吕大铭．钨铜复合材料研究的新进展[J]．2000,15(6):27～30

[42]马如璋,蒋明华,徐祖雄．功能材料学概论[M]．北京:冶金工业出版社,1999

[43]韩杰才,徐丽,王宝林,等．梯度功能材料的研究进展及展望[J]．固体火箭技术,2004,27(3):207～215

[44]吴利英．梯度功能材料的发展和应用[J]．新工艺新技术新设备,2003,(12):57～61

[45]谢长生．人类文明的基石——材料科学技术[M]．武汉:华中理工大学出版社,2000

[46]王豫,姚凯伦．功能梯度材料研究的现状与将来发展[J]．物理,2000,(4):206～211

[47]徐小荣．金属/陶瓷梯度热障涂层的微观结构特征及其性能的关系[D]．武汉:武汉理工大学,2000

[48]贡长生,张克立．新型功能材料[M]．北京:化学工业出版社,2001

[49]周张健,葛昌纯,李江涛．熔渗-焊接法制备W/Cu功能梯度材料的研究[J]．金属学报,2000,36(6):654～658

[50]周张健,葛昌纯,李江涛,等．热压法制备W/Cu功能梯度材料[J]．材料科学与工艺,2000,8(1):52～54

[51]凌云汉,周张健,李江涛,等．超高压梯度烧结法制备W/Cu功能梯度材料[J]．中国有色金属学报,2001,11(4):578～581

[52]Jech D E, Sepulveda J L, Frazier J P, et al. Functionally graded metal substrate for use in housing a microelectronic component has a functional insert and a surrounding body in the x-y plane that is made from two metal compositions[P]. US Patent:US6114048—A,5 Sept. ,2000

[53]Riccardi B, Montanari R, Casadei M, et al. Optimaization and characterization of tungsten thick coatings on copper-based alloy substrates [J]. Journal of Nuclear Materials, 2006, 352: 29～35

[54]Liu X, Yang L, Tamura S, et al. Thermal response of plasma sprayed tungsten coating to high heat flux [J]. Fusion Engineering and Design, 2004, 70: 341～349

[55]Pintsuk G, Brunings S E, Doring J E, et al. Development of W/Cu-functionally graded materials [J]. Fusion Engineering and Design, 2003, 66—68: 237～240

[56]汪峰涛,吴玉程,王涂根,等. W-Cu面对等离子体梯度热沉材料的制备和性能[J]. 复合材料学报,2008,25(2):25～30

[57]Wang T G, Chen J L, Chen Y, et al. Thermal properties of VPS-W coatings on CuCrZr alloy with Ti bonding layer [J]. Journal of Nuclear Materials, 2007, 363～365:1294～1298

[58]Döring J E, Vaßen R, Pintsuk G, et al. The processing of vacuum plasma-sprayed tungsten - copper composite coatings for high heat flux components [J]. Fusion Engineering and Design, 2003, 66～68:259～263

[59] Kang H K. Thermal properties of plasma-sprayed tungsten deposits [J]. Journal of Nuclear Materials, 2004, 335(1):1～4

[60]Bolt H, Barabash V, Krauss W, et al. Materials for the plasma-facing components of fusion reactors [J]. Journal of Nuclear Materials, 2004, 329～333:66～73

[61]Itoh Y, Takahashi M, Takano H. Design of tungsten/copper graded composite for high heat flux components [J]. Fusion Engineering and Design, 1996, 31(4):279～289

[62]陶光勇,郑子樵,刘孙和. W/Cu功能梯度材料的制备及热循环应力

分析[J]. 复合材料学报,2006,23(4):72～77.

[63]You J H, Bolt H. Analytical method for thermal stress analysis of plasma facing materials [J]. Journal of Nuclear Materials, 2001, 299 (1): 9～19

[64]Chapa J, Reimanis I. Modeling of thermal stresses in a graded Cu/W joint[J]. Journal of Nuclear Materials, 2002, 303(2～3):131～136

[65]宁超．电子封装用低膨胀高导热钨铜复合材料的工艺研究[D]. 北京:机械科学研究院,2004

[66]Johnson J L, German R M. Factors affecting the thermal conductivity of W－Cu composites [J]. Advances in Powder Metallurgy and Particulate Materials, 1993, 4: 201～213

[67]任淑彬,叶 斌,曲选辉,等．复杂形状 SiCP/Al 复合材料零件的制备与性能[J]. 中国有色金属学报,2005,15(11):1722～1726

[68]刘彬彬,鲁岩娜,谢建新．热压烧结制备近全致密 W－Cu 梯度热沉材料[J]. 中国有色金属学报,2007,17(9):1410～1415

[69]Jedamzik R, Neubrand A, Rodel J. Functionally graded materials by electrochemical processing and infiltration: application to tungsten/copper composites [J]. Journal of Materials Science, 2000, 35: 477～482

[70]李云平,曲选辉,郑洲顺,等．注射成型 W－Cu 研究现状及产业化发展趋势[J]. 粉末冶金技术,2003,21(2):108～110

[71]郭庚辰．液相烧结粉末冶金材料[M]. 北京:化学工业出版社,2003

[72]陈文革,沈宏芳,刘兴．压渗法制备 Mo/Cu 梯度功能材料[J]. 有色金属,2006,58(1):10～14

[73]弓艳飞．超细钨铜和钼铜复合粉体的制备及其烧结性能研究[D]. 合肥:合肥工业大学,2007

[74]Johnson J L, German R M. Phase equilibrium effects on the enhance liquid phase sintering of tungsten-copper [J]. Metallurgical transactions. A, 1993, 24(11): 2369～2377

[75]German R M, Rabin B H. Enhanced sintering through second

phase additions [J]. Powder Metall., 1985, 28 (1): 7～12

[76]Bose A. Powder injection molding of tungsten heavy alloys [J]. Powder metallurgy, 1997, 40(3): 177～180

[77]Johnson J L, German R M. Chemically activated liquid phase sintering of tungsten-copper [J]. The International Journal of Powder Metallurgy, 1994, 30(1): 91～102

[78]Yang B, German R M. Powder injection molding and infiltration sintering of superfine grain W - Cu [J]. The International Journal of Powder Metallurgy, 1997, 33(4): 55～63

[79]Kim J C, Ryu S S, Lee H, et al. Metal injection molding of nanostructured W - Cu composite powder [J]. The International Journal of Powder Metallurgy, 1999, 35(4): 47～55

[80]王振廷,陈华辉．纳米 WC - Co 硬质合金的研制及发展[J]. 云南冶金,2004,34(1):37～40

[81]刘莉,牛乐园,张力江,等．热处理温度对 $La_{\frac{4}{3}}Sr_{\frac{5}{3}}Mn_2O_7$ 的结构及电输运性质的影响[J]. 低温物理学报,2004,26(4):295～299

[82] Raghunathan S, Bourell D L. Synthesis and evaluation of advanced nanocrystalline tungsten-based materials [J]. P/M Science & Technology Briefs, 1999, 1(1): 9～14

[83]刘珍,梁伟,许并社,等．纳米材料制备方法及其研究进展[J]. 材料科学与工艺,2000,8(3):103～108

[84]赵放．超细晶粒钨铜合金的研究[D]. 北京:北京科技大学,2005

[85]McCandlish L E, Kear B H, Kim B K. Processing and properties of nanostructured WC - Co [J]. Nanostructured Materials, 1992, 1(2): 119～124.

[86]Kear B H, McCandlish L E. Chemical processing and properties of nanostructured WC - Co materials [J]. Nanostructured Materials, 1993, 3(1～6): 19～30

[87]范景莲,汪登龙,黄伯云,等．难熔钨基合金的研究开发及其产业化方向[J]. 有色冶炼,2002,12(4):12～15

[88]Shi X L, Yang H, Wang S, et al. Characterization of W－20Cu ultrafine composite powder prepared by spray drying and calcining-continuous reduction technology [J]. Materials Chemistry and Physics, 2007, 104(2～3): 235～239

[89]Shi X L, Yang H, Wang S. Spark plasma sintering of W－15Cu alloy from ultrafine composite powder prepared by spray drying and calcining-continuous reduction technology [J]. Materials Characterization, 2009, 60(2): 133～137

[90]苏维丰,熊 宁,周武平,等. 一种制备 W－Cu 复合材料的新工艺[J]. 粉末冶金材料科学与工程,2007,12(6):369～373

[91]李云平,曲选辉,郑洲顺. 热机械法制备超细弥散分布钨铜复合粉末[J]. 粉末冶金技术,2004,22(5):265～269

[92]Dae G K, Baek H L, Sung T O, et al. Mechanochemical process for W－15Cu nanocomposite powders with WO_3－CuO powder mixture and its sintering characteristics [J]. Materials Science and Engineering A, 2005, 395: 333～337

[93]Hong S H, Kim B K. Fabrication of W－20Cu composite nanopowder and sintered alloy with high thermal conductivity [J]. Materials Letters, 2003, 57(18): 2761～2767

[94]程继贵,弓艳飞,夏永红,等. 机械热化学法制备纳米 W－Cu 复合粉末及其烧结性能研究[J]. 材料热处理学报,2007,28(4):11～15

[95]Benjamin J S. Dispersion strengthened superalloys by mechanical alloying [J]. Metallurgical Transactions, 1970, 1(10): 2943～2951.

[96]Gilman P S, Benjamin J S. Mechanical alloying [J]. Annual Review of Materials Science, 1983, 13: 279～300

[97]陈振华,陈鼎. 机械合金化与固液反应球磨[M]. 北京:化学工业出版社,2006

[98]吉洪亮,堵永国,张为军. W/Cu、Mo/Cu 合金的致密化技术[J]. 电工材料,2001,(3):13～17

[99]Benjamin J S. Fundamentals of mechanical alloying [J].

Materials Science Forum, 1992, 88～90: 1～17

[100]王尔德，胡连喜．机械合金化纳米晶材料研究进展[J]. 粉末冶金技术，2002，20(3)：135～139

[101]高丽丽，刘力．机械合金化的发展[J]. 化工科技，2007，15（1)：68～70

[102] Upadhyaya A, German R M. Densification and dilation of sintered W - Cu alloys [J]. The International Journal of Powder Metallurgy, 1998, 34(2): 43～55

[103]Kecskes L J, Trexler M D, Klotz B R, et al. Densification of structural change of mechanically alloyed W - Cu composites [J]. Metallurgical and Materials Transactions A, 2001, 32(11): 2885～2893

[104] Maneshian M H, Simchi A. Solid state and liquid phase sintering of mechanically activated W - 20Cu powder mixture [J]. Journal of Alloys and Compounds, 2008, 463(1～2): 153～159

[105]武安华，曹文斌，李江涛，等．第一壁材料 SiC/C 功能梯度材料的制备[J]. 粉末冶金工业，2001，11(1)：23～26

[106]Zhu J C, Lai Z H, Yin Z, et al. Fabrication of functionally graded materials by powder metallurgy [J]. Materials Chemistry and Physics, 2001, 68(1～3): 130～135

[107]邹俭鹏，阮建明，周钟诚，等．功能梯度材料的设计与制备以及性能评价[J]. 粉末冶金材料科学与工程，2005，10(4)：78～87

[108]Jin G, Takeuchi M, Honda S, et al. Properties of multi-layered mullite/Mo functionally graded materials fabricated by powder metallurgy processing [J]. Materials Chemistry and Physics, 2005, 89(2—3): 238～243

[109] Grujicic M, Zhang Y. Determination of effective elastic properties of functionally graded materials using Voronoi cell finite element method [J]. Materials Science & Engineering A, 1998, 25(1): 64～76

[110]张宇民，郝晓东，韩杰才．梯度功能材料[J]. 宇航材料工艺，1998，(5)：5～10

[111]Kawase M, Tago T, Kurosawa M. Chemical vapor infiltration and

deposition to produce a silicon carbide-carbon functionally gradient material[J]. Chemical Engineering Science，1999，54(15～16)：3327～3334

[112] Marple B R，Boulanger J. Graded casting of materials with continuous gradients [J]. Journal of the American Ceramic Society，1994，77(10)：2747～2750

[113]程继贵，雷纯鹏，邓莉萍．梯度功能材料的制备及其应用研究新进展[J]. 金属功能材料，2003，10(1)：28～31

[114]Khor K A，Gu Y W，Dong Z L. Plasma spraying of functionally graded stabilized zirconia/NiCoCrAl coating system using composite powders [J]. Journal of Thermal Spray Technology，2000，9 (2)：245～249

[115]张幸红，韩杰才，董世运，等．梯度功能材料制备技术及其发展趋势[J]. 宇航材料工艺，1999，(2)：1～5

[116]Wang L，Wang F C，Lu G S，et al. Residual thermal stress for the interface in ZrO_2 - NiCrAl functionally gradient thermal barrier coatings [J]. Journal of Beijing Institute of Technology，1998，18(5)：630～633

[117]Sasaki M，Hirai T. Fabrication and properties of functionally gradient materials [J]. Journal of the Ceramic Society of Japan，International Edition，1991，99 (10)：1002～1013

[118]Ge C C，Wu A H，Ling Y H，et al. New progress of ceramic based functionally graded plasma facing materials in China [J]. Key Engineering Materials，2002，224：459～464

[119]郭成，朱维斗，金志浩．梯度功能材料的研究现状与展望[J]. 稀有金属材料与工程，1995，24(3)：18～25

[120]Zhang L Z，Shi S L，Huang H J. Investigation of Al_2O_3 coating with FGMs structure by SHS [J]. Materials Science Forum，2003，423：577～578

[121]Dumont A L，Bonnet J P，Chartier T，et al. $MoSi_2/Al_2O_3$ FGM fabricated by tape casting and SHS [J]. Journal of the European Ceramic Society，2001，21(13)：2353～2360

第2章 W－Cu纳米晶粉体的机械合金化过程及热稳定性

随着高新技术的不断发展，W－Cu复合材料的应用领域也在不断地扩展。例如，在大规模集成电路和大功率微波器件中，已经开始广泛地采用具有优异热、电性能和低膨胀系数的W－Cu材料作为引线框架、热沉基片、嵌块和散热原件等；在航天和军事领域应用具有短时耐高温热侵蚀、抗弧蚀、高的密度和机械强度的钨铜复合材料，作为火箭喷管、飞机喉衬、电磁炮导轨和穿甲弹药罩材料；另外，根据W－Cu复合材料的各项特性，各种新的可能应用还在不断地研究和开发中，如它可以作为重载荷滑动摩擦轴套的加强筋，用作高速旋转和运动的固体密封件；各种仪器仪表中要求无磁、低膨胀、高弹性模量，防辐射屏蔽等特殊要求的零部件；正在发展中的实验聚合反应堆中，它还被研究作为承受和传递大热流的装置材料，其他诸如激光器、通讯设备、办公设备直至体育和运动器件，也都可以找到W－Cu复合材料的应用。这些新的应用领域对W－Cu复合材料性能的要求，已经远高于一般电触头用W－Cu材料的性能水平。高强度和高气密性要求材料的致密度接近全致密；高导热、导电性要求严格控制成分和结构形态；品种、规格繁多要求适用于各种条件和形状的材料成品。因此，进一步提高W－Cu复合材料的性能，达到更高的致密度和更佳的组织均匀性成为其应用和发展的关键。

目前，国内外大量的研究表明，通过各种方法来细化晶粒是提高高密度钨基材料性能行之有效的方法之一，并提出采用纳米级W－Cu复合粉体来制备W－Cu复合材料。由于纳米粉体具有一系列优点，如晶粒细小（粒径在100 nm以下），比表面积大，粉末之间的接触界面大，表面活性高，进而烧结驱动力大，烧结温度低且致密化快。将其应用于 W-Cu 复合材料的制备，可以获得非常高的致密度（可达到近乎全致密）和均匀的组织结构。而制备纳米 W-Cu 复合材料的关键技术则是纳米 W-Cu 粉体的制备以及粉体的成型和烧结。目前，广泛采用的金属氧化物粉末共还原法、机械-热化学法和机械合金化等方法都试图获得具有优异烧结性能和成分均匀的纳米级 W-Cu 复合粉体，其中机械合金化技术作为一种非平衡态材料制备技术，在超细粉制备、介稳相新材料合成等方面具有独特的优越性，并可获得在常规手段下难以得到的、均匀化的合金粉末产物。机械合金化的这些特点，为制备难互溶合金体系的均匀化合金和过饱和固溶体提供了一个简便易行的制备手段。另外，它利用高能球磨使粉末产生变形，在粉末中引入严重的晶格畸变、高密度缺陷和纳米级精细结构，使粉末体系处于非平衡储能状态，进一步提高了粉末的烧结特性，促进了烧结过程的进行。

目前在该方法的研究上，多集中在 MA 过程中 W-Cu 混合粉体的细化过程、形貌变化和成分均匀化，以及球磨后粉体的烧结性能等方面。而对于具有正混合热的 W-Cu 二元系统，在高能球磨过程中形成纳米晶 W(Cu)过饱和固溶体的微观机制，以及纳米晶粉体内部的结构演变和固溶体的热稳定性等方面的研究尚少见报道。同时，这些方面的研究对于探索 MA 纳米晶 W-Cu 粉体的烧结工艺具有重要意义。本章介绍了机械合金化工艺制备不同成分 W-Cu 纳米晶复合粉体的结构演变规律和热稳定性。

2.1　球磨粉体的相结构演变和微观组织

2.1.1　MA 过程中 W-Cu 复合粉体的相组成

图 2-1 列出了不同复合粉体经过不同时间球磨后的 X 射线衍射谱。从三幅图中可以看出，球磨引起衍射线条宽化，W 的衍射峰强度随球磨时间增加而减弱，主要原因是球磨过程中，在磨球的反复冲击和摩擦下，颗粒本身形变和颗粒之间的焊合、断裂反复进行，导致晶粒细化，结构有序度降低，以及晶粒内部发生了严重的晶格畸变等缺陷所致。所不同的是，复合粉体

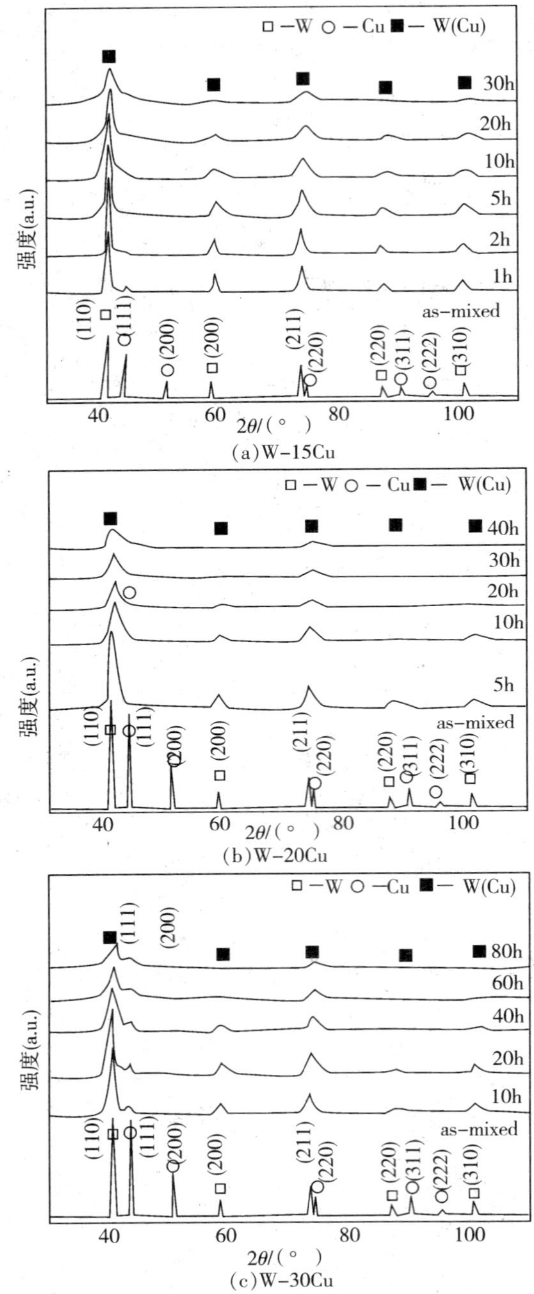

图 2－1　机械合金化过程中 W－Cu 复合粉体的 X 射线衍射谱

中 Cu 的衍射峰在不同的成分条件下有不同的变化，W－15Cu 和 W－20Cu 复合粉体分别在球磨 20h 和 30h 后 Cu 的衍射峰已完全消失。已有的研究表明，高能球磨过程中的晶粒细化和粉体中缺陷的增多会导致元素的衍射峰宽化和强度降低，但并不能导致元素衍射峰的消失。对于 W－15Cu 和 W－20Cu体系中 Cu 衍射峰的消失，主要原因是球磨过程中形成了 W(Cu) 过饱和固溶体。对于具有较大的正混合热(＋35.5kJ/mol)的 W－Cu 体系，即使在液相条件下两者之间也只有很小的溶解度，但在机械合金化过程中很可能互溶甚至形成饱和固溶体。基于以下因素可作出解释：一方面，高能球磨使粉体中产生大量的新鲜表面和纳米晶界，并在晶界处储存大量过剩的热焓，给溶剂原子和溶质原子的交换提供了条件。Birringer 等人证明纳米晶材料的固溶度比块状晶体材料的大几个数量级。由于应力场的存在，大量的 Cu 原子滞留在 W 的晶界上并置换溶剂原子 W，进而导致 W(Cu) 固溶体的形成；另一方面，高能球磨过程中，W、Cu 粉末经过剧烈的塑性变形，晶格产生严重畸变和大量缺陷，如位错、层错等，成为合金化的主要驱动力，并为 Cu 原子的扩散提供了快速通道，使其能够通过晶界扩散到 W 晶格中去形成粗晶材料条件下难以形成的 W(Cu) 过饱和固溶体。图 2－1(c) 所示 W－30Cu 复合粉体的衍射谱中，Cu 的(111)和(200)衍射峰在球磨 80h 后仍然存在，这说明机械合金化方法对 W、Cu 之间固溶度的扩展是有限的，含量为 30%的 Cu 已无法通过高能球磨完全溶入 W 中。

图 2－1 中 W 的衍射峰随球磨时间的延长不断向高角度方向移动，同时计算得出其晶格常数逐渐减小，W－15Cu、W－20Cu 和 W－30Cu 复合粉体中，W 的晶格常数由球磨前的 0.3165nm 分别减小至球磨 30h、40h 和 60h 的 0.3129nm 、0.3127nm 和 0.3126nm，如图 2－2 所示。一般情况下可以认为固溶原子固溶有两类形式：一类为进入溶剂晶格，导致点阵常数变化；另一类为纳米晶溶剂提供大量晶界，相当部分溶质原子偏聚在晶界，使处于晶界的原子丧失衍射特征，从而在 X 射线及电子衍射谱下呈单相结构，此时溶质与溶剂的原子并非处于最近邻状态，属于亚互溶状态。

另外，根据溶质原子在溶剂点阵中所处的位置，可将固溶体分为置换固溶体和间隙固溶体两类：当溶质原子溶入溶剂中形成固溶体，溶质原子占据溶剂点阵的阵点，或者说溶质原子置换了溶剂点阵的部分溶剂原子，这种固溶体叫做置换固溶体；溶质原子分布于溶剂晶格间隙而形成的固溶体为间隙固溶体。形成固溶体时，虽然仍保持着溶剂的晶体结构，但由于溶质与溶剂的原子大小不同，总会引起点阵畸变并导致点阵常数发生变化。对置换固溶体而言，当原子半径 $R_B>R_A$ 时，溶质原子周围点阵膨胀，平均点阵常数增大；当 $R_B<R_A$ 时，溶质原子周围点阵收缩，平均点阵常数减小。对间隙固溶体而言，点阵常数随溶质原子的溶入总是增大，而且影响往往比置换固溶体大。

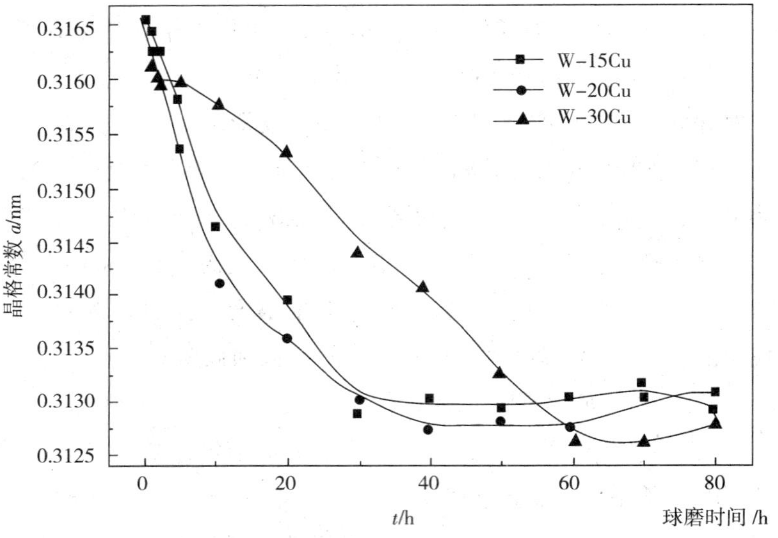

图 2-2 W-Cu复合粉体中W晶格常数随球磨时间的变化

由 Hume-Rothery 固溶规则：当 A、B 原子半径差 $\Delta R<15\%$时，A-B 可形成置换固溶体。所以，根据钨铜的晶格常数可得到如下结论：

$$a_W=0.31650\text{nm} \qquad a_{Cu}=0.36147\text{nm}$$

$$R_W=\frac{\sqrt{3}\,a_W}{4}=0.13705\text{nm} \qquad R_{Cu}=\frac{\sqrt{2}\,a_{Cu}}{4}=0.12780\text{nm}$$

$$\Delta R=\frac{R_W-R_{Cu}}{R_{Cu}}\times 100\%\approx 7\%<15\%$$

式中，a_W、a_{Cu}分别是 W、Cu 的晶格常数；R_W、R_{Cu}是其原子半径；ΔR 为原子半径差。因此，W、Cu 形成置换固溶体，而铜的原子半径比钨小，铜原子扩散进入钨晶格中，置换掉钨晶胞内的钨原子，导致钨的晶胞的体积减小，晶格收缩，晶面间距减小。随着球磨时间的延长，Cu 在 W 中的固溶度增加，导致 W 的晶格常数不断减小，反映在 XRD 图谱中，即为 W 的衍射峰向高角度偏移。所以，W 晶格常数的变化也进一步证实了 W(Cu)置换固溶体的形成。

2.1.2　MA 过程中 W-15Cu 复合粉体的微观组织和结构

图 2-3 为不同球磨时间(1h,5h,30h)的 W-15Cu 复合粉体的透射电镜照片和电子衍射图谱。图 2-3(a)、(b)为球磨 1h 的粉体照片和电子衍射，从图中可见，粉体颗粒尺寸较大，团聚较为严重，由于 Cu 是延性金属，在球磨初期(<5h)会在磨球和磨球之间、磨球和罐壁之间的碰撞作用下被砸成层片状结构，并成为黏接相把 W 颗粒黏接在一起，此时粉体的电子衍射图谱主要呈现出单晶衍射斑点。图 2-3(c)、(d)为球磨 5h 的粉体照片和电子衍射，可以看出粉体的颗粒尺寸大大减小，电子衍射花样开始呈现出多晶电子衍射环。当球磨时间从 5h 延长到 30h 时，W 基固溶体的成分逐渐均匀化，粉体的颗粒尺寸进一步减小(图 2-3(e))，每个大粉体颗粒都是由许多直径为几到几十纳米的细小颗粒聚集在一起而形成的团聚体。该粉体的电子衍射花样为多晶电子衍射环(图 2-3(f))，体现出细晶纳米材料特有的衍射特征。通过测量各衍射环直径，计算其半径平方(R^2)比值。用 R^2 比值规律对比法，标定出该衍射花样属于 bcc 结构的 W 基固溶体，同时并未探测到与 Cu 结构相似的 fcc 结构相，表明 W-15Cu 粉体经过球磨 20h 后，主要以 W(Cu)固溶体的形式存在，并且在合金化过程中没有非晶相存在。这也与图 2-1 的 XRD 结果相吻合。

图 2-4 所示是 W-15Cu 复合粉体在机械合金化过程中 W 的晶粒尺寸和微观应变随球磨时间的变化。随着球磨的进行，W 晶粒尺寸逐渐减小。但是在不同的球磨阶段，其晶粒尺寸变化的趋势呈现出不同的特点：在球磨初期(≤5h)，W 的晶粒尺寸急剧减小，球磨 5h 晶粒尺寸已降低到 15.8nm；球磨 10h 后，机械合金化的焊合和断裂两过程趋于平衡，晶粒尺寸降低的幅

(a)球磨1h粉体TEM照片

(b)球磨1h粉体电子衍射图样

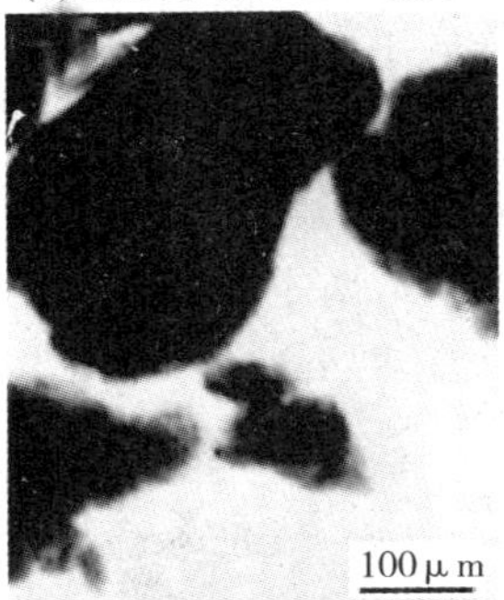

(c)球磨5h粉体TEM照片

(d)球磨5h粉体电子衍射图样

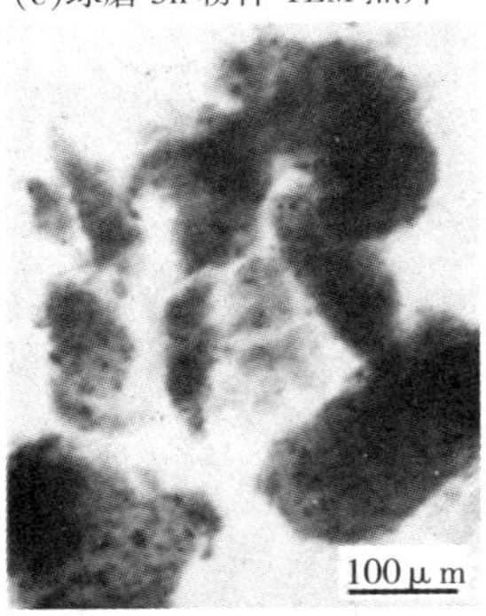

(e)球磨30h粉体TEM照片

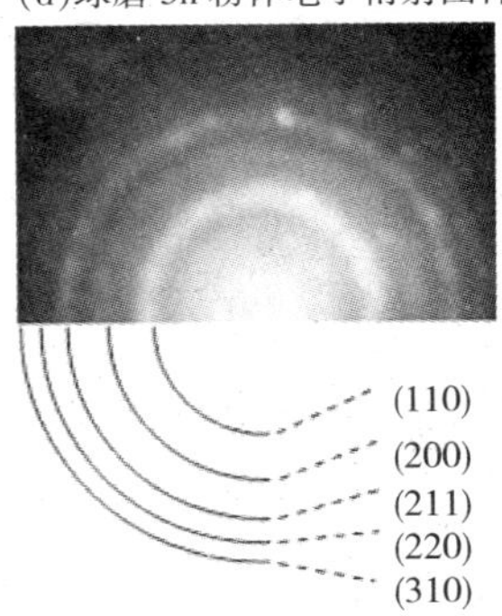

(f)球磨30h粉体电子衍射图样

图2-3　W-15Cu粉体不同球磨时间的TEM照片和电子衍射图样

度明显减小，球磨30h后粉体的晶粒尺寸趋于稳定，达到5.9nm，并且在球磨过程中，粉末中微观应变呈现先增大后减小的趋势。一方面，由于原始粉末中Cu的韧性较好，在球磨过程中起到明显的层垫作用，球磨开始阶段W颗粒被嵌入Cu片中，导致球磨时粉体剧烈的塑性变形和大量的位错等缺陷产生的微观应力不易释放，进而产生微观应变聚集，并不断增大；另一方面，

Cu 原子的过饱和固溶于 W 的晶格内也会引起晶格畸变，导致微观应变增大。球磨 5h 后，随着合金化进程不断深入，粉末晶粒变得更小，并趋于稳定，位错密度减小，使得储存在粉末颗粒内部的应力不断释放，因而微观应变开始下降。

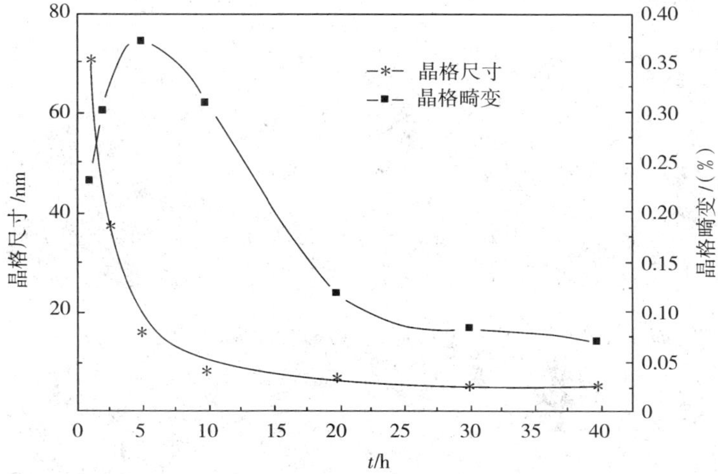

图 2－4　W－15Cu 复合粉体中 W 的晶粒尺寸和微观应变随球磨时间的变化

2.2　机械合金化合成 W－Cu 纳米晶粉体的特性

2.2.1　MA 过程中 W－15Cu 复合粉体的表面形貌

图 2－5 是 W－15Cu 球磨 5h 和 30h 后粉体颗粒的 SEM 形貌照片。由于 W 在常温下呈脆性，而 Cu 具有良好的延展性，所以 W－Cu 体系属于脆性/延性球磨体系。在高能球磨初期（≤5h），磨球与粉末之间的碰撞使塑性金属 Cu 被挤压成片状，W 颗粒则迅速被破碎。在磨球碰撞下，细小的 W 颗粒嵌入片状的 Cu 表面形成复合组织，并聚集成粗大的团聚体，从图 2－5(a) 可以看出，球磨 5h 后，粉体的粒度分布很不均匀，颗粒形貌呈现无规则状；从图 2－5(b) 中进一步发现，大颗粒完全是由小颗粒焊合黏结而成的团聚

体，并且团聚体内部疏松多孔，这体现了W-Cu脆性/延性球磨体系的特征。继续球磨，由于受到反复挤压和焊合，粉末发生严重的加工硬化，导致其断裂趋势增大，大颗粒组织发生弯曲、断裂，并开始细化，团聚减少。如图2-5(c)和(d)，球磨30h后，冷焊和断裂逐渐达到平衡，颗粒尺寸趋于稳定，而且颗粒表面更加平滑，无颗粒团聚现象。

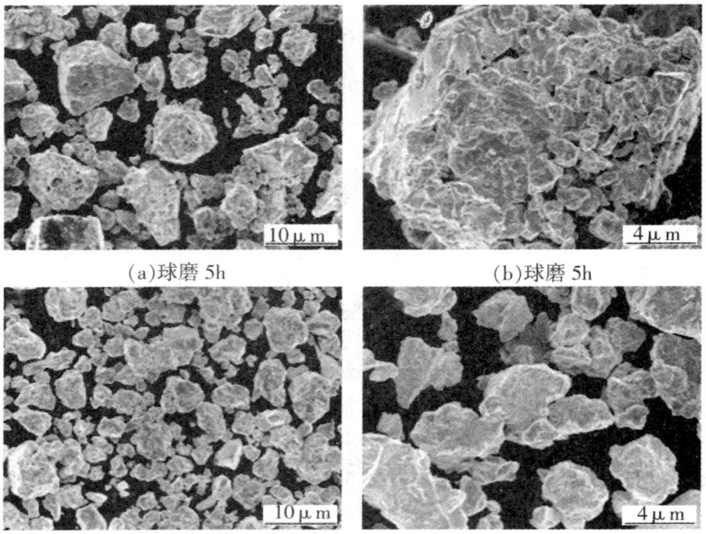

(a)球磨5h (b)球磨5h

(c)球磨30h (d)球磨30h

图2-5 球磨5h和30h后粉末颗粒不同放大倍数的SEM照片

2.2.2 MA过程中W-15Cu复合粉体的粒度和比表面积

图2-6为W-15Cu粉体在球磨过程中的粒度变化。图2-6(a)为粒度随球磨时间的变化，从图中可以看出，随着球磨时间的延长，粉体粒度先增大，在球磨5h达到最大值(D_{50}=10.341 μm)后又开始减小。粒度变化主要原因是球磨初期粉体被磨球反复碰撞、挤压，而不断重复地发生变形，塑性大的Cu颗粒硬度和脆性较小，被撞击变成层片状，而塑性差的W颗粒硬度和脆性都很大，被磨球撞击下发生脆断，破碎后的细W颗粒在磨球的挤压下被塑性大的层片状Cu颗粒包裹、黏接，使得球磨初期粉体颗粒粒度逐渐增加。同时，W(Cu)固溶体的形成和加工硬化的产生，使包裹后的颗粒硬度也在不断增强、脆性变大，进一步球磨，便发生断裂、破碎，粉体粒度开始减小。

但是随着球磨时间的延长，当颗粒减小到一定程度时，再度破碎则需要更高的能量，粉体粒度趋于稳定（球磨 30h，D_{50}＝3.987 μm）。图 2－6(b)为球磨 1h、5h 和 30h 的粉末粒度分布曲线。从图中可以看出，1h 球磨的粉体粒度分布出现双峰，一个强峰和一个低峰。造成低峰的主要原因是由于在开始阶段，混合粉体中的 Cu 相呈现出良好的延展性，其短时间内难以破碎。

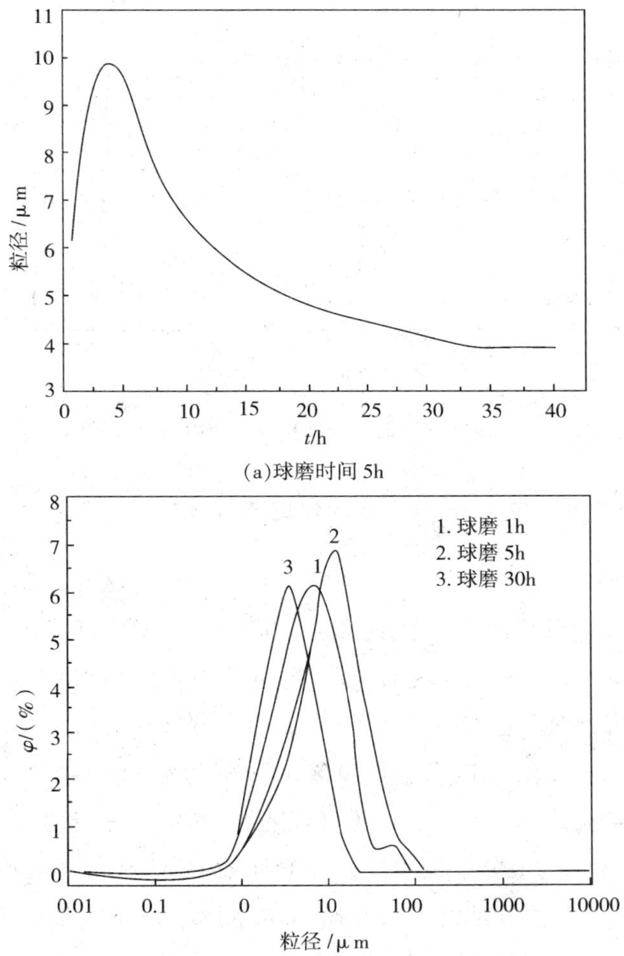

(a)球磨时间 5h

(b)球磨时间 1h、5h、30h 的粉末粒度分布曲线

图 2－6　W－15Cu 粉体的粒度变化图

图 2－7 为粉体的比表面积随球磨时间的变化关系图。由图中可以看出，在球磨开始阶段粉体的比表面积急剧减小，球磨 5h 后开始逐渐增大，球

磨20h后，粉体的比表面积变化幅度减小，趋于稳定。球磨40h后，比表面积达到1.9m^2/g。W－Cu复合粉体的比表面积随球磨时间的变化与粒度的变化趋势正好相反，这也符合韧-脆系统的典型机械合金化过程。

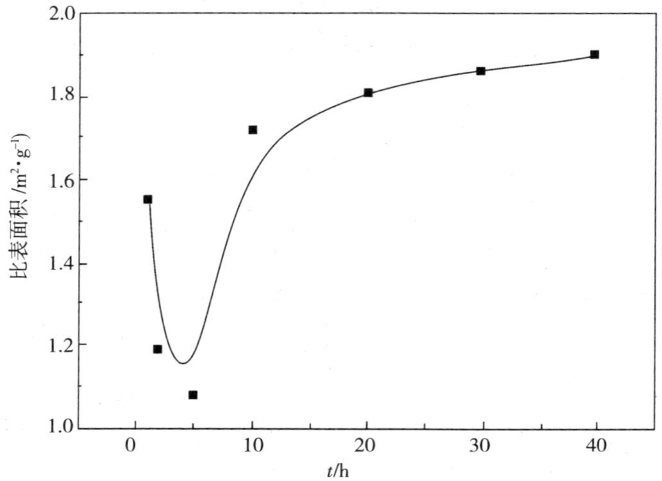

图2－7　球磨粉体的比表面积与球磨时间的关系

2.2.3　MA过程中W－Cu复合粉体的成分分析

图2－8和表2－1为W－15Cu、W－20Cu和W－30Cu复合粉体，分别球磨30h、40h和60h后的EDS能谱和粉体成分。从图中可以看出，每种成分的复合粉末球磨后铜的含量都有所降低，其原因主要是铜的韧性较好，在高速球磨碰撞开始阶段会有一小部分Cu黏附于球磨罐的内壁上，长时间的球磨过后随着加工硬化产生，其开始脱落并与W粉发生固溶反应，但仍然会残留少量的Cu在罐壁上。另外，还可以看出经过长时间的球磨(60h)，W－30Cu复合粉末的成分中检测到C和O的存在，C元素主要来自球磨罐和磨球本身，O元素主要是由于长时间的球磨从球磨介质和气氛中引入。由于这两种杂质含量较少，基本可以忽略。所以在球磨时间的选择上应尽量避免长时间的球磨，以减少因球磨引入到粉体中的杂质的含量。

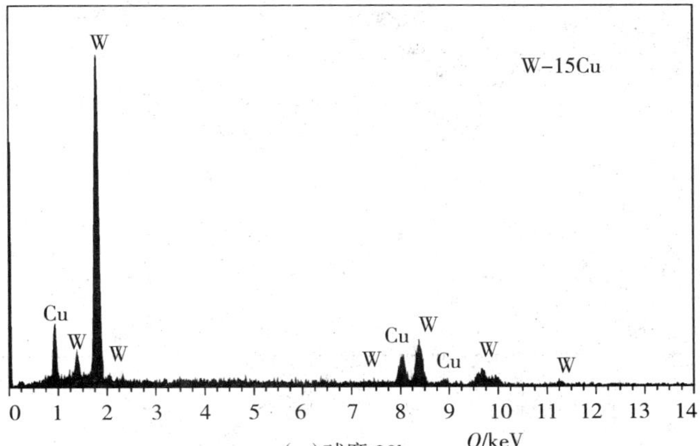

(a)球磨 30h

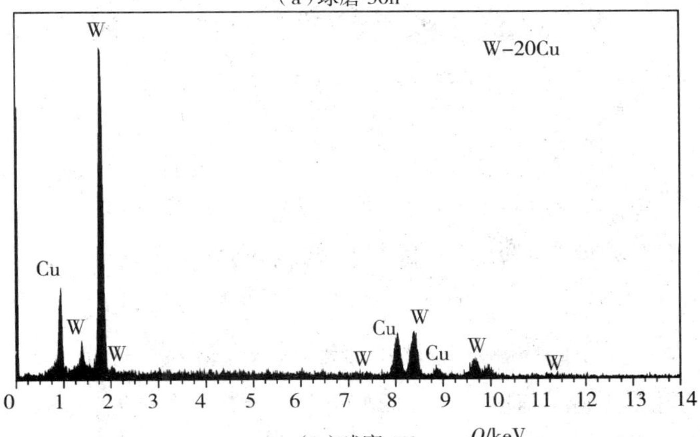

(b)球磨 40h

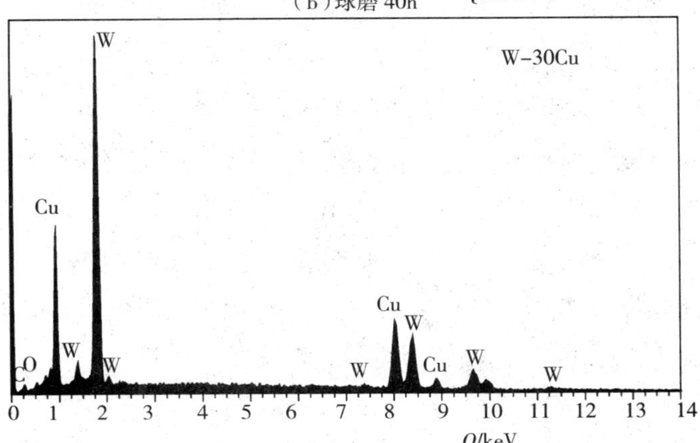

(c)球磨 60h

图 2-8　W-15Cu、W-20Cu 和 W-30Cu

分别球磨 30h、40h 和 60h 不同时间后的 EDS 能谱

表 2-1 不同复合粉体分别球磨30h、40h和60h后粉体颗粒中的成分

元素质量百分比	W-15Cu	W-20Cu	W-30Cu
C	—	—	0.11
O	—	—	0.12
Cu	14.83	19.58	29.17
W	85.17	80.42	70.60
总量	100.00	100.00	100.00

2.3 MA过程中纳米晶W(Cu)过饱和固溶体的形成机制

图 2-9(a)、(b)、(c)和(d)分别是球磨1h、5h、20h和30h的W-15Cu粉末，经过环氧树脂镶嵌、研磨、抛光后的颗粒截面背散射电子像。由于背散射像的衬度直接与样品中的各元素的原子序数有关，而W的原子序数比Cu的要大，因此在图中颗粒内部亮的部分是W，暗的部分是Cu。从图2-9(a)中可见，球磨开始阶段由于Cu颗粒比较软，易于变形，被磨球撞击后压成薄片状，并包裹在W颗粒的表面，形成包覆结构的复合颗粒。继续球磨，复合颗粒发生团聚、焊合，包覆结构的复合颗粒进一步细化，包覆层间距大大减小，形成W、Cu均匀弥散分布的复合组织(图2-9(b))。球磨20h，粉体颗粒中的包覆结构和复合组织完全消失，颗粒内部显微组织变得更加均匀，形成了组织和成分均一的W(Cu)固溶体。

图 2-10(a)、(b)和(c)分别是球磨5h、10h和40h的W-20Cu粉末颗粒的截面背散射电子像。从图中也可以看出，W(Cu)固溶体的形成过程和W-15Cu系统相同，也是一个渐近的过程。

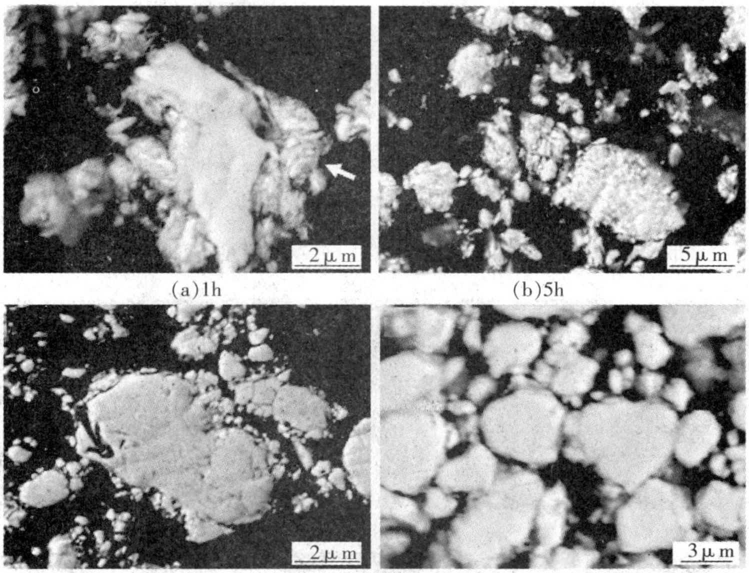

(a)1h　(b)5h

(c)20h　(d)30h

图 2－9　不同球磨时间 W－15Cu 粉末颗粒截面的背散射电子像

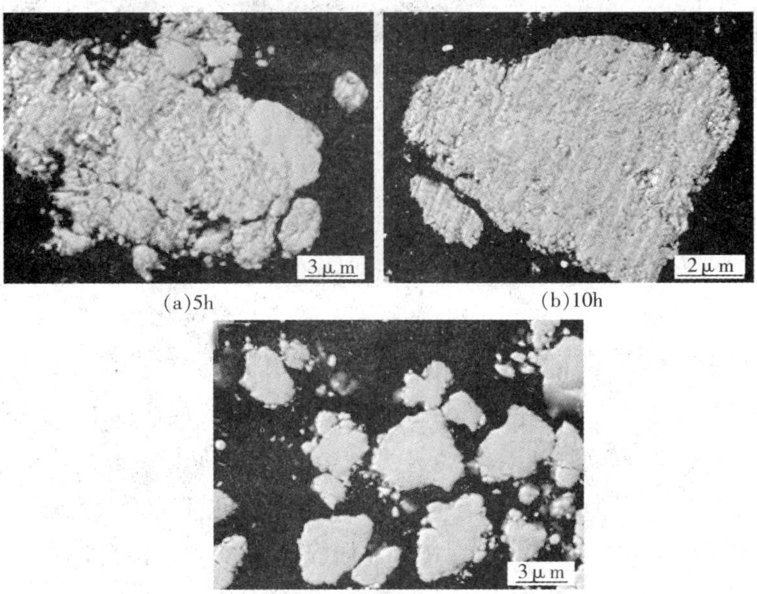

(a)5h　(b)10h

(c)40h

图 2－10　不同球磨时间 W－20Cu 粉末颗粒截面的背散射电子像

图2-11(a)、(b)分别为W-15Cu复合粉末球磨5h和30h颗粒截面的元素分布图。从图2-11(a)中可以看出，球磨5h时的粉末颗粒W元素含量较多，而Cu含量较少，结合上述背散射图像可以得知，此时只有少量的Cu固溶于W中；随着球磨时间的延长，Cu在W中的固溶度增加，球磨30h，粉末颗粒中W、Cu元素分布均匀。这也进一步说明了球磨30h后，W-15Cu复合粉末形成了组织和成分都比较均匀的W(Cu)固溶体。

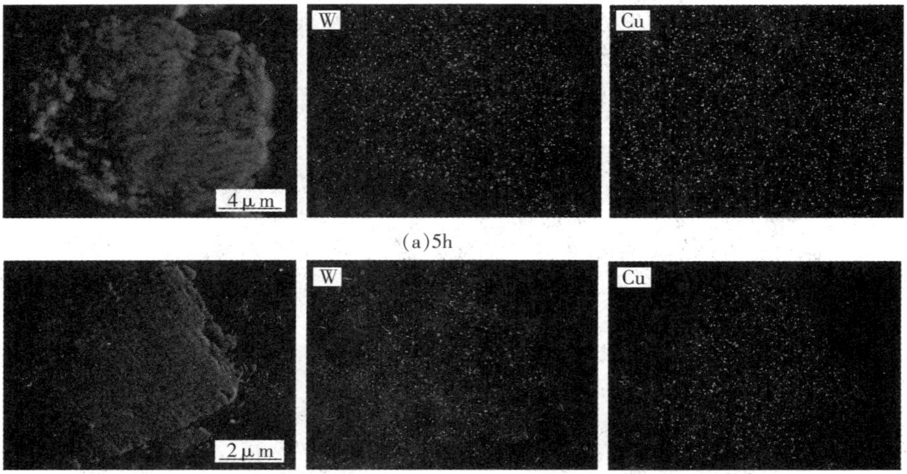

(b)30h

图2-11　W-15Cu复合粉体颗粒的截面元素分布

综上所述，在W-Cu二元系统的球磨过程中的合金化，主要是通过Cu原子向W晶格中扩散来实现的。虽然W-Cu二元系统属不互溶体系，但高能球磨产生的晶粒细化以及大量晶界和缺陷，致使Cu在W中的溶解度增加。其合金化机制主要为Cu向W晶格中扩散，合金化初期(≤5h)，由于Cu较好的塑性，阻碍了粉体晶粒的细化，系统中晶界、相界数量较少，位错、层错等缺陷浓度较低，Cu向W晶格中的扩散较为缓慢，所以W的晶格常数变化不大，粉体内部的成分分布也并不均匀；继续球磨，伴随晶粒细化，晶界数量、缺陷浓度增大，Cu在W中的溶解度增加，加快了合金化进程，W的晶格常数急剧减小；球磨后期(≥20h)，Cu向W中的扩散和成分均匀化过程基本完成，形成组织和成分均一的纳米晶W(Cu)固溶体。

2.4　机械合金化 W－Cu 复合粉体的热稳定性

纳米材料中大量的晶界处于热力学亚稳态，在适当的外界条件下将向较稳定的亚稳态或稳定态转化。一般表现为固溶脱溶、晶粒长大或相转变三种形式。纳米材料一旦发生晶粒长大，即转变为普通粗晶材料，便失去其优异性能。因此，纳米材料的热稳定一直是一个重要的研究课题。本章节对机械合金化工艺制备的 W－15Cu 纳米晶粉体的热稳定性进行了研究，对其不同温度退火热处理的 XRD、晶粒尺寸、晶格常数以及差热（DSC）和退火后的 TEM 形貌进行了分析。

2.4.1　退火后 W－15Cu 复合粉体的 XRD 分析

图 2－12 为球磨 30h 的 W－15Cu 粉体经不同温度热处理的 X 射线衍射图谱。由图可见，球磨 20h 的 W－15Cu 粉体，分别在 300℃～1000℃保温 1h 退火处理后粉体相组成发生了显著的变化，粉体衍射峰的宽度逐渐变窄，强度增加，这与在热处理过程中发生了晶粒生长、内应力释放、晶格畸变程度降低、有序度提高等转变有关。高能球磨形成的固溶体中存在着高密度的晶体缺陷（如空位、位错、晶界等），并且粉体中晶格畸变严重，晶格有序度低，粉末处于非平衡状态。在随后的退火处理过程中，球磨粉体的晶体缺陷得以释放，无序或畸变位置处的原子发生重排或迁移到热力学更加平衡、有序度更高或晶格更完整的位置处。因此，热处理提高了基体的结晶度，促进了内应力释放，使晶格畸变程度降低，有序度升高，反映在 XRD 中即随退火温度的升高，粉体衍射峰明显变窄，强度增加。图 2－13 为球磨 30h 的 W－15Cu粉体中 W 的晶粒尺寸和晶格常数随退火温度的变化。从图中可以看出，W 的晶粒尺寸在 600℃之前变化平缓，之后长大较明显，其原因是在低温阶段粉体中大量的晶体缺陷有效地阻碍了晶粒生长。另外，与球磨 20h 的粉体相比，400℃退火后 Cu 的（111）晶面衍射峰重新出现，并随着退火温度的升高其强度增加。结合图 2－12 中 W 的晶格常数的变化，可以将其分为两个阶段：首先，在 300℃和 400℃退火后 W 的晶格常数降低，所以此时出现的 Cu 衍射峰并非 W(Cu)固溶体中的 Cu，而是在球磨过程中由于晶粒细化，分布

在钨晶界的Cu原子析出长大，并且有序度提高所致；而500℃～1000℃的热处理过后粉体中W的晶格常数不断增加，其原因是由于W(Cu)固溶体发生脱溶，因而粉体中参与衍射的Cu相含量增多，衍射峰强度进一步增强。

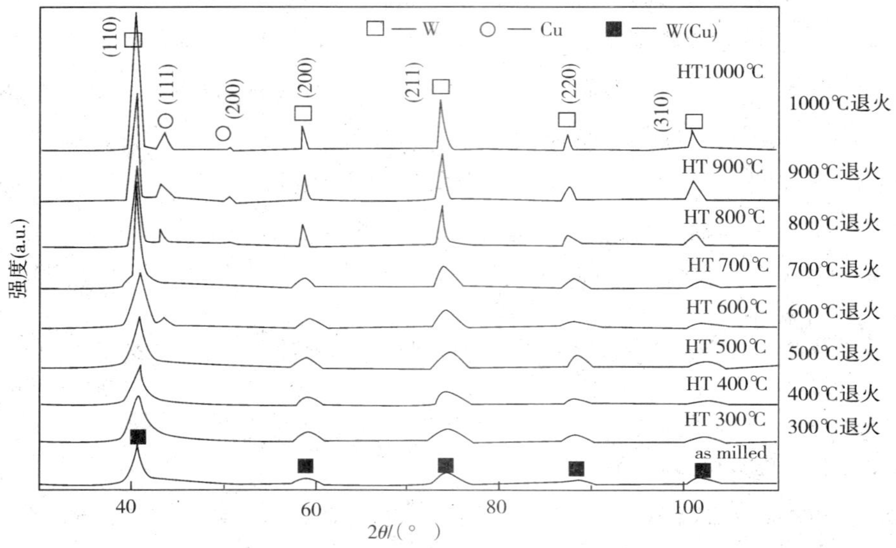

图2-12 球磨30h的W-15Cu粉体经不同温度热处理的X射线衍射图谱

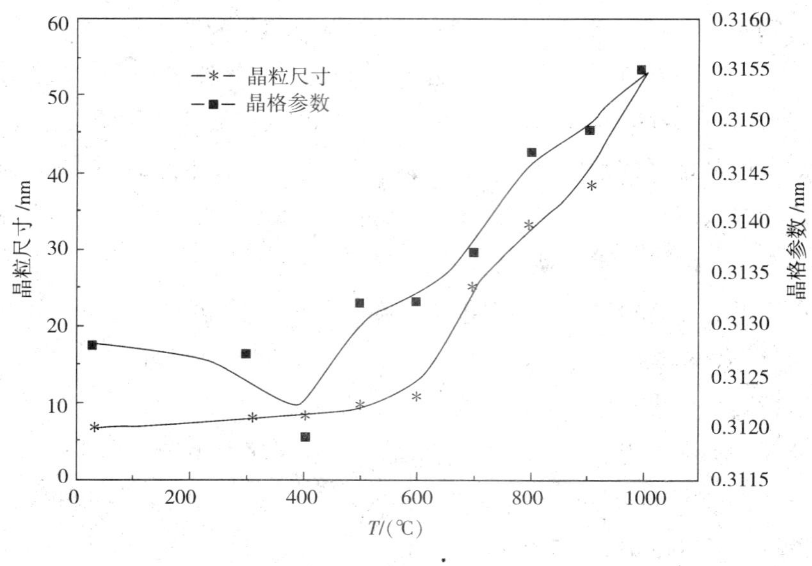

图2-13 球磨30h的W-15Cu粉体中W的晶粒尺寸和晶格常数随退火温度的变化

2.4.2 MA 合成 W－15Cu 复合粉体的 DSC 分析

图 2－14 为球磨 30h 的 W－15Cu 粉体的 DSC 曲线。其测试条件是在高纯氩气保护气氛下，以 10℃/min 为加热速率，从室温加热到 1200℃。由图 2－14 可见，在 300℃～800℃范围内出现了一个宽的放热峰，这主要有两个方面的原因：一方面，在球磨过程中，粉体内部产生大量应力应变、位错和晶格畸变等缺陷，这些缺陷使粉体处于储能的非平衡状态，在低温 300℃～500℃回复过程中这些缺陷逐渐消除，并释放出能量；另一方面，在温度 500℃～800℃范围内，W(Cu)固溶体开始发生脱溶反应，Cu 从 W 晶格中析出，并释放热量。另外，在 1000℃的位置出现了一个吸热峰，其原因是由于粉体中出现液相造成的。有研究表明，具有纳米尺度的金属颗粒会因为晶粒尺寸减小和晶界增多而导致熔点降低。例如，张中武等人研究了球磨 60h 的 93W－4.9Ni－2.1Fe 合金粉体的热稳定，结果表明球磨后合金粉体的熔点比未球磨的降低了约 220℃。而本实验中正常条件下 Cu 的熔点为 1083℃，但是在 MA 制备纳米晶 W－Cu 二元系统中，由于晶粒的细化造成 Cu 的熔点降低了约 80℃。

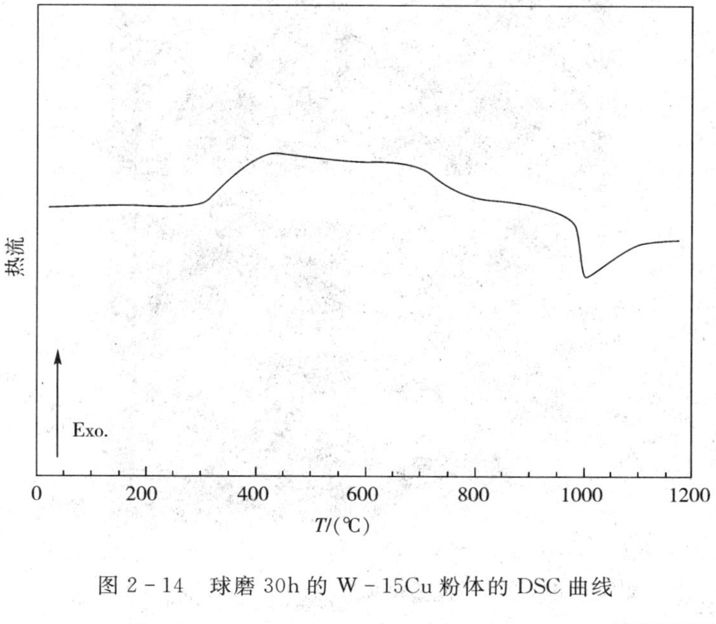

图 2－14 球磨 30h 的 W－15Cu 粉体的 DSC 曲线

2.4.3 退火后 W - 15Cu 复合粉体的微观组织和结构

图 2 - 15 是球磨 30h 的 W - 15Cu 粉体分别经过 400℃和 700℃热处理 1h 后的透射电镜像及电子衍射花样。图 2 - 15(a)为 400℃保温 1h 热处理后粉体颗粒形貌，从图上可以看出，粉体仍然是由较细的纳米晶组成，和图 2 -16 通过 XRD 计算的晶粒尺寸基本相符。从图 2 - 15(b)中的选区衍射图上可以看出，衍射花样仍为多晶环，通过标定出该衍射花样仍属于 bcc 结构的 W 基固溶体，表明 W - 15Cu 粉体经过 400℃保温 1h 热处理后，仍主要以 W(Cu)固溶体的形式存在，并未发生脱溶现象，这也与图 2 - 12 中 XRD 测试的结果一致。图 2 - 15(c)为 700℃保温 1h 热处理后粉体颗粒形貌，与图 2 -15(a)相比晶粒尺寸明显长大，并出现如箭头所示的絮状透明体，其主要是 W(Cu)固溶体中的 Cu 析出造成的。另外，图 2 - 15(d)中显示出环状斑点，一方面说明粉体的晶粒尺寸变大；另一方面，经过分析得出部分斑点属于面心立方结构，也进一步证明了 Cu 的析出。

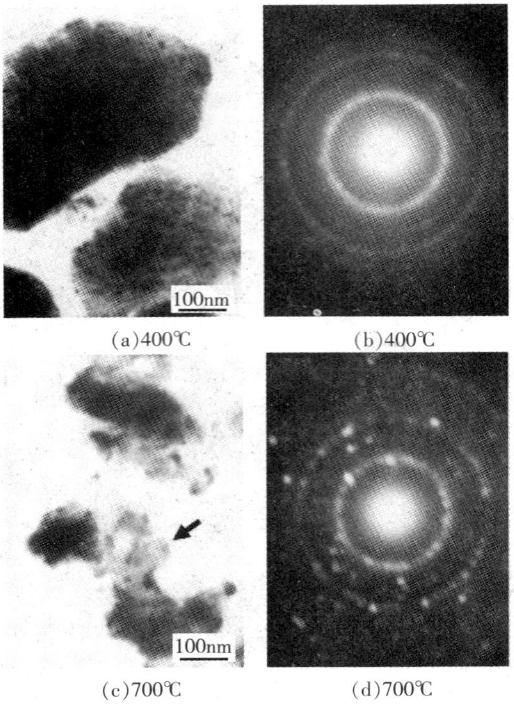

(a)400℃　(b)400℃

(c)700℃　(d)700℃

图 2 - 15　球磨 30h 的 W - 15Cu 粉体热处理 1h 后的 TEM 照片及电子衍射花样

综上所述，机械合金化合成的纳米晶 W(Cu)过饱和固溶体在 500℃以下时，具有较稳定的结构，并且在低温阶段(≤500℃)，由于粉体中存在的大量晶体缺陷有效地阻碍了晶粒生长，在此时粉体仍然保持较细的晶粒尺寸；当温度升高到 500℃以上，粉体的晶粒尺寸显著长大，粉体的有序度逐渐提高，并且 W(Cu)固溶体中的 Cu 开始析出；高能球磨在 W－Cu 复合粉体中引入了大量缺陷，并极大地细化了粉体的晶粒尺寸，进而使 W－Cu 二元系统中 Cu 的熔点大幅度降低，在 1000℃时粉体中开始有液相 Cu 出现。

参考文献

[1]张全孝，高云，贾万明，等．机械合金化钨-铜药型罩材料的研究[J]．兵器材料科学与工程，2000，23(3)：44～50

[2]李云平，曲选辉，段柏华．W－Cu(Mo－Cu)复合材料的研究进展[J]．粉末冶金材料科学与工程，2002，7(1)：18～23

[3]Ozer O，Missiaen J M，Lay S，et al. Processing of tungsten/copper materials from W－CuO powder mixtures [J]. Materials Science and Engineering A，2007，460/461：525～531

[4]Costa F A，Silva A G P，Gomes U U. The influence of the dispersion technique on the characteristics of the W－Cu powders and on the sintering behavior [J]. Powder Technology，2003，134(1－2)：123～132

[5]Maneshian M H，Simchi A，Razavi Hesabi Z. Structural changes during synthesizing of nanostructured W－20 Cu composite powder by mechanical alloying [J]. Materials Science and Engineering A，2007，445/446：86～93

[6]Lee J S，Kim T H. Densification and microstructure of the nano-composite W－Cu powders [J]. Nanostructured Materials，1995，15 (1)：45～52

[7]Kim D G，Oh S T，Jeon H，et al. Hydrogen-reduction behavior and microstructural characteristics of WO－CuO powder mixtures with various milling time [J]. Journal of Alloys and Compounds，2003，354：

239～242

[8]Yoon E S, Lee J S, Oh S T, et al. Microstructure and sintering behavior of W-Cu nanocomposite powder produced by thermo-chemical process [J]. International Journal of Refractory Metals & Hard Materials, 2002, 20(3): 201～206

[9] Alam S N. Synthesis and characterization of W-Cu nanocomposites developed by mechanical alloying [J]. Materials Science and Engineering A, 2006, 433:161～168

[10]朱永兵,沈以赴. W-Cu纳米复合前驱体粉末的机械合金化制备[J]. 稀有金属材料与工程,2007,36(6):1091～1094

[11]Suryanarayana C. Mechanical alloying and milling [J]. Progress in Materials Science, 2001(46): 48～49

[12] Murty B S, Ranganathan S. Novel materials synthesis by mechanical alloying/milling [J]. International Materials Reviews, 1998, 43(3): 101～141

[13]Raghu T, Sundaresan R, Ramakrishnan P, et al. Synthesis of nanocrystalline copper-tungsten alloys by mechanical alloying [J]. Materials Science and Engineering A, 2001, 304/306: 438～441

[14]杨斌,袁兆勤. W/Cu二元粉末的机械合金化研究[J]. 湖南冶金,2003,31(3):24～27

[15]Kim Y D, Chung J Y, Kim J, et al. Formation of nanocrystalline Fe-Co powders produced by mechanical alloying [J]. Materials Science and Engineering A, 2000, 291: 17～21

[16]Williamson G K, Hall W H. X-ray line broadening from field aluminum and wolfram [J]. Acta Metallurgica, 1953, 1(1): 22～31

[17]熊曹勇,熊永红,朱弘,等. 机械合金化Cu-W合金的制备及结构研究[J]. 中国科学技术大学学报,1996,26(1):78～82

[18]张代东,范爱玲. MA过程中W-Cu系纳米粉末的X射线相分析[J]. 铸造设备研究,2001,6:14～16

[19]Birringer R. Nanocrystalline materials [J]. Materials Science and

Engineering A，1989，117：33～43

[20]李世波，谢建新，陈姝，等．机械合金化 W－Cu 固溶体的形成机理[J]．材料科学与工艺，2006，14(4)：424～431

[21]胡赓祥，蔡珣．材料科学基础[M]．上海：上海交通大学出版社，2000：37～38

[22]居志兰，戈晓岚，许晓静．块体纳米材料的研究现状与发展思路[J]．江苏大学学报，2002，23(4)：47～51

[23]Zhang Z W，Zhou J E，Xi S Q，et al．Phase transformation and thermal stability of mechanically alloyed W－Ni－Fe composite materials[J]．Materials Science and Engineering A，2004，379(1－2)：148～153

第3章 纳米结构W－Cu复合材料的致密化及性能表征

W－Cu二元体系具有相当大的正混合热(＋35.5kJ/mol)，在平衡条件下为固相和液相时，W、Cu之间均互不溶解，浸润性能差。因此，传统的熔渗烧结和简单的液相烧结都难以获得较高的致密度和理想的组织结构。研究表明，W－Cu混合粉体的烧结致密化机制主要是在Cu液相时的表面张力和毛细管力促使下的W颗粒重排。因此，粉体颗粒的进一步细化和成分的均匀化将大大增强W颗粒重排的驱动力和缩短重排距离，进而有效地提高致密化程度和烧结体的组织均匀性。近年来，纳米技术飞速发展，国内外专家学者对纳米W－Cu粉体的制备展开了深入研究，使得纳米W－Cu复合粉体的制备技术不断发展和成熟。机械合金化技术由于其工艺简单、产量大、整个过程在室温固态下进行、无需高温熔化、工艺简单灵活、便于实现工业化生产等优点，成为目前制备纳米W－Cu粉体所采用的最广泛的技术之一。例如，国外的Kim D. G. 等人将WO_3－CuO或W－CuO原料混合粉经过高能球磨20h后，采用氢气还原方法制备出W的晶粒尺寸为30nm～40nm的纳米W－Cu复合粉体，并在1200℃保温1h的条件下，烧结得到致密度在98%以上的钨铜复合材料；国内的贾成厂等人采用高能球磨的方法，对W－Cu混合粉进行机械活化得到粉末粒度小于1 μm的粉体，并且烧结体的相对密度可以达到97%；栾道成等人采用高能球磨工艺球磨60h制备出纳米W－15Cu复合粉体，并经过加压和常压两步烧结制备出相对密度98%以上的钨铜复合材料。上述研究说明，通过机械合金化技术得到纳米W－Cu复合粉体，在制备钨铜复合材料方面具有独特优势。在机械合金化过程中合成的纳米W－Cu复合粉体本身发生了严重的变形和晶格畸变，并存在高密度缺陷、大量晶界和纳米级精细结构，具有很高的表面活性，使粉末体系处于非平衡储能状态，进而对其成型和烧结性能产生了较大的影响。

本章介绍了机械合金化合成的 W－Cu 纳米晶粉体的成型和烧结特性，并对常压烧结和热压烧结制备出的细晶结构 W－Cu 复合材料的密度、热导率、电阻率等物理性能，以及硬度、抗弯强度等力学性能和显微结构进行分析，探讨了高能球磨及烧结工艺参数对 W－Cu 复合材料组织结构和性能的影响，以及高能球磨后粉体的烧结致密化机理。

3.1　纳米晶 W－Cu 复合粉体的烧结致密化工艺

3.1.1　成型压力对粉末压坯密度和烧结体致密度的影响

W－Cu 纳米晶复合粉末冷压坯相对密度与成型压力的关系如图 3－1 所示。可以看出，不同 Cu 含量的 W－Cu 复合粉末压坯的相对密度都随着成型压力的增加而提高，当成型压力增加到 350MPa 后，压坯相对密度增加变缓。这是由于在成型压力较低的阶段，粉末颗粒之间发生相对滑动，引起颗粒重排，并且由于粉末颗粒的不规则所造成的拱挤效应部分消除；当成型压力提高到一定阶段后，压坯相对密度的提高主要依靠粉末的塑性变形而致密，在超过粉末塑性屈服应力的压力作用下，粉末依靠变形而填充颗粒之间的孔隙来提高压坯的相对密度，从而导致压坯相对密度的提高随着压制压力的增加而变缓，但压力的提高也不能从根本上消除微孔洞，只能使孔洞缩小。同时当压力过高，粉末产生加工硬化，导致粉末颗粒破碎，粉末流动性变差，变形抗力增大，也导致了压坯相对密度增加的趋势不明显。另外，随着混合粉末中的 Cu 含量增加，压坯的相对密度也增加。这主要是由于 Cu 作为黏结相，一方面可以减弱球磨时的加工硬化；另一方面，黏结相 Cu 含量的增加可以增加粉末的整体塑性，进而提高了粉末的流动性和变形能力。

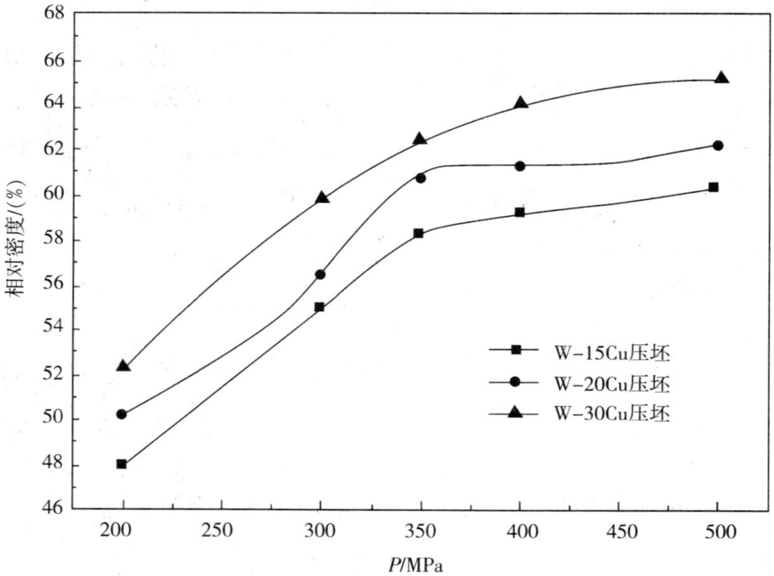

图 3-1 W-Cu纳米晶复合粉末冷压坯的相对密度随成型压力的变化

一般情况下,冷压坯的密度在一定程度上影响材料烧结性能,冷压坯的致密度越高,烧结后烧结体的致密度越高,W-Cu纳米晶粉末成型过程中随着成型压力的增大,粉末中的空隙逐渐减少,压坯的相对密度逐渐提高。但W-Cu烧结体的相对密度随成型压力的提高,呈现出先增加后减小的趋势。如图3-2所示,在1200℃烧结并保温90min的条件下,得到的W-Cu复合材料烧结体的相对密度随成型压力的变化。从图中可以看出,W-20Cu和W-30Cu烧结体的相对密度都在成型压力为350MPa时达到最大值99.10%和99.34%,W-15Cu烧结体的相对密度在压力为400MPa时达到最大值98.62%;继续提高成型压力烧结体相对密度变化不大,并略有下降。其主要原因是成型压力升高,压坯致密度也相应提高,在高密度压坯中形成大量的闭合孔隙,这些孔隙中的气体在固相烧结阶段不易逸出,从而导致烧结后试样内部闭孔隙较多,在一定程度降低了压坯的相对密度。另外,从图3-2中还可以看出,在成型压力≤350MPa时,Cu含量的增加可以显著地提高复合材料烧结体的致密度。这是由于W-Cu复合材料的烧结致密化主要是依靠Cu液相时W颗粒的重排,Cu含量的增加可以提高烧结时液相的体积分数,进而有助于W颗粒的重排,提高致密度。

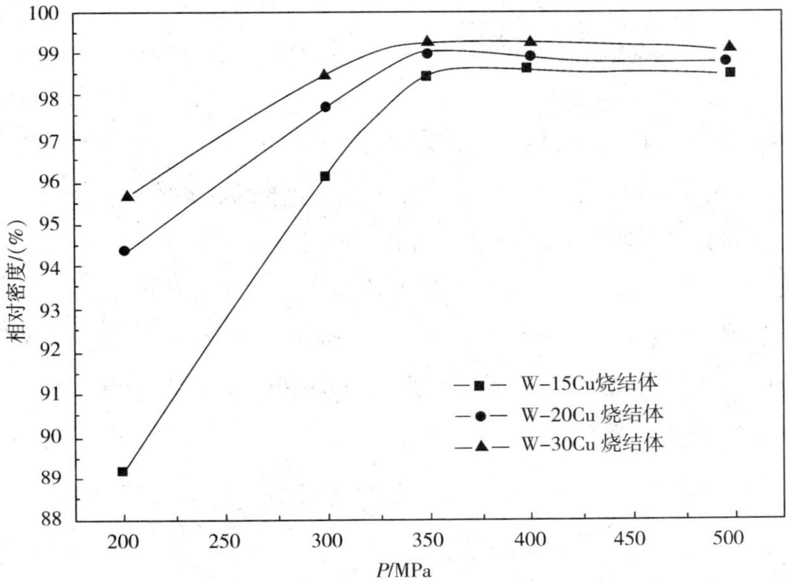

图 3－2　W－Cu 烧结体的相对密度随成型压力的变化

3.1.2　烧结温度和保温时间对 W－Cu 复合材料致密度的影响

由于 W－Cu 复合材料的烧结采用的是液相烧结，烧结温度在一定范围内的提高会有助于提高 W、Cu 粒子的扩散率，使 W－Cu 复合粉末达到均匀化和致密化，但过高的烧结温度会导致 Cu 液相的挥发，使材料产生成分偏析，致密度反而会降低，所以烧结温度的选择是确定烧结工艺的关键。如图 3－3 所示，在成型压力为 350MPa、保温时间为 90min 的条件下，得到的 W－Cu复合材料烧结体的相对密度随烧结温度的变化。可以看出，随着烧结温度的升高，烧结体相对密度不断增大。当在 1050℃烧结时，烧结体致密度较低。此时，主要由于是 W－Cu 纳米晶粉体中只有少量的 Cu 熔化为液相，无法充分实现 W 颗粒的重排致密化。当烧结温度为 1100℃时，烧结体致密度迅速提高；在 1200℃烧结时，W－15Cu、W－20Cu 和 W－30Cu 烧结体相对密度分别达到 98.42%、99.10% 和 99.34%；在 1250℃ 烧结时，W－15Cu烧结体相对密度为 98.43%，较 1200℃ 烧结基本无变化，而 W－20Cu和 W－30Cu 烧结体的相对密度均略有下降。这可能是由于烧结温度过高，导致 W 晶粒进一步长大，进而对烧结体密度产生影响。因此，在本实验中，1200℃是机械合金化 W－Cu 纳米晶复合粉末烧结的较理想温度。

上述结果表明，烧结温度对纳米晶 W－Cu 复合粉末的烧结致密化具有重要影响，主要可以从以下几个方面来理解：温度的升高改善液相 Cu 和固相 W 之间的润湿性，而好的润湿性将保证液相颗粒在固相上铺展，从而有效地以液/固界面取代固/气界面，消除 W 晶粒间的直接接触机会，降低颗粒重排过程的阻力，使颗粒重排得以充分进行，提高致密化速度。同时，温度升高可以降低铜液的黏度，有利于提高铜液在毛细管力作用下在孔洞中流动，加快致密化速度。

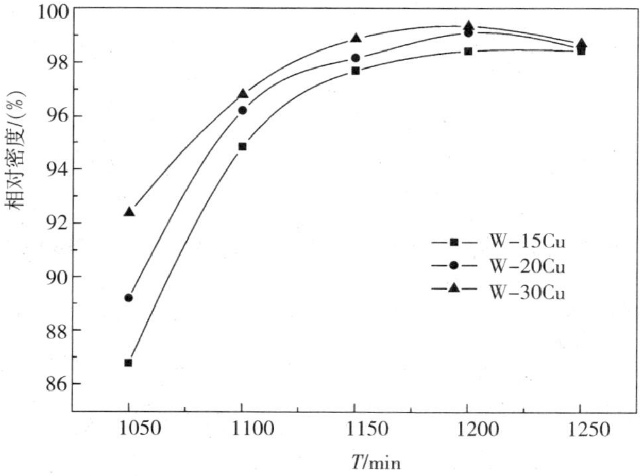

图 3－3　烧结体相对密度随烧结温度的变化

保温时间的选择同样重要，若保温时间不足，一方面粉粒间的结合状态不佳；另一方面使烧结制品的组织结构产生差异。若保温时间过长，不仅影响生产效率，增加能源消耗，而且导致制品的晶粒异常长大，使材料性能下降。如图 3－4 所示，在成型压力为 350MPa、烧结温度为 1200℃的条件下，得到的 W－Cu 复合材料烧结体的相对密度随保温时间的变化。由图可见，保温 60min 比保温 30min 烧结体的相对密度有较大提高，而保温时间继续延长，相对密度的变化则减缓，保温 120min 的烧结体相对密度有所下降。因此，在本实验中选择保温 90min 作为 W－Cu 复合粉末烧结的保温时间。

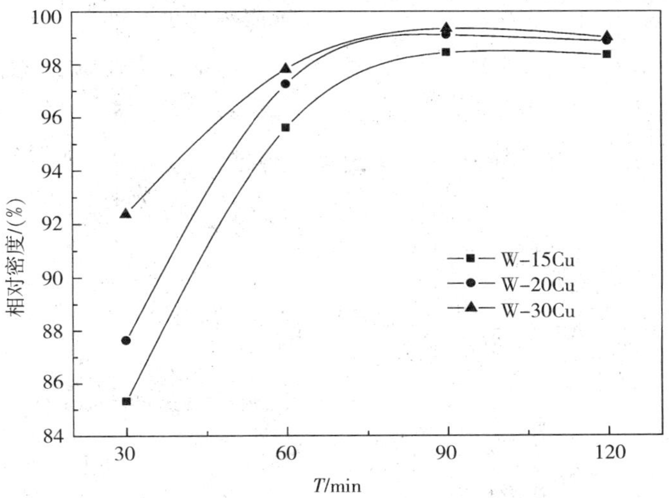

图 3－4　烧结体相对密度随保温时间的变化

3.1.3　机械合金化工艺对 W－Cu 复合材料致密度的影响

图 3－5 为机械合金化前后三种成分的 W－Cu 复合粉体，在成型压力为 350MPa、烧结温度 1200℃ 条件下烧结 90 min 得到的烧结体相对密度。从图中可见，W－Cu 纳米晶复合粉体的烧结致密度远大于未球磨的原始混合粉体。这是因为：

（1）高能球磨所制备纳米复合粉体的颗粒细小，粉体的表面能增加；纳米粉体及纳米晶界的物质迁移速度快；原子作短程扩散，扩散系数高；晶粒尺寸的细化以及晶格畸变增加，提高了烧结驱动力和烧结动力学因子。

（2）由于 W、Cu 互不相溶，其液相烧结致密化主要依靠颗粒重排机构；液相烧结时受毛细管力的作用，使 W 颗粒重排以获得最紧密的堆砌和最小的孔隙总表面积。高能球磨工艺极大地细化了粉末颗粒，进而有效地缩短了 W 颗粒的重排距离；另外，W、Cu 湿润性差，渗进颗粒间的液相由于毛细管张力 ν/ρ 而产生使颗粒相互靠拢的分力，毛细管力的大小与管内液相凹面的曲率半径（ρ）成正比，粉末越细小，毛细管力就越大。

（3）高能球磨工艺极大地提高了 W－Cu 粉末混合的均匀程度。

Ryu 等的研究表明，互不相溶系内不同颗粒组分，如 W－Cu 颗粒之间的结合界面对材料的烧结性能影响很大，粉体压坯的烧结致密化不仅取决于粉末本身的粒度，还取决于粉末混合的均匀程度。机械合金化形成的W(Cu)固溶体加强了 W－Cu 之间的相互作用，增大了 W－Cu 之间的接触机会，从而改善了 W－Cu 复合粉体的烧结性能。从上述分析可以得出，机械合金化工艺从多方面改善了 W－Cu 复合粉末的烧结性能，是获得接近全致密 W－Cu 复合材料最佳制备工艺之一。

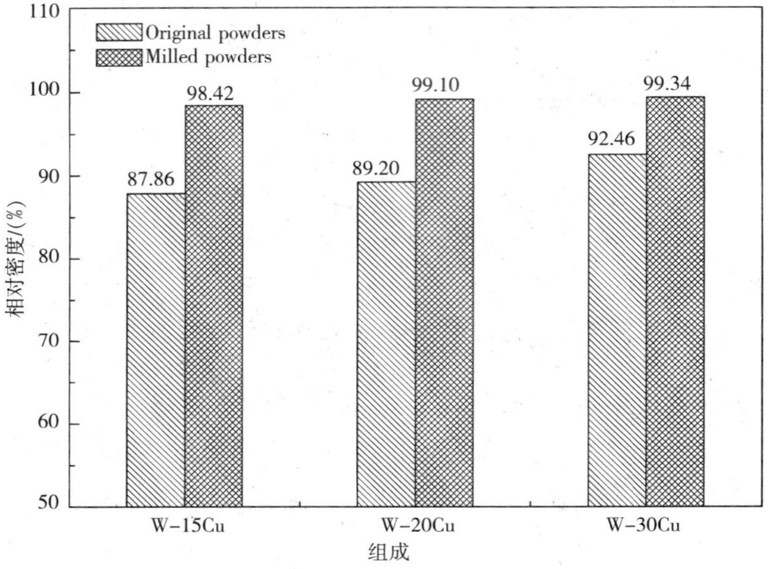

图 3－5　机械合金化前后 W－Cu 复合粉体的烧结致密度

3.1.4　热压烧结 W－Cu 复合材料的致密度

纳米 W－Cu 复合粉末能否发挥很大的优势，关键取决于烧结工艺和烧结方法。机械合金化 W－Cu 复合粉末的烧结工艺主要受烧结温度和保温时间的影响。在常压条件下，烧结温度和烧结时间都无法再降低和缩短的情况下，采用低温热压烧结将成为获得晶粒尺寸更加细小的 W－Cu 复合材料最佳选择。结合第 2 章纳米晶 W－Cu 复合粉体热稳定性，得知在 1000℃时粉体中开始出现 Cu 液相，所以本章选择真空热压烧结的烧结温度为1050℃，保温时间为 90min，热压压力为 25MPa。图 3－6 为真空热压烧结三种成分 W－Cu 复合材料的相对密度，可以看出烧结体的相对密度全都达到了 97%以上，说明采用 MA 获得的纳米晶 W－Cu 复合粉末，通过热压烧结可以在较低的温度下获得致密化程度较高的 W－Cu 复合材料。

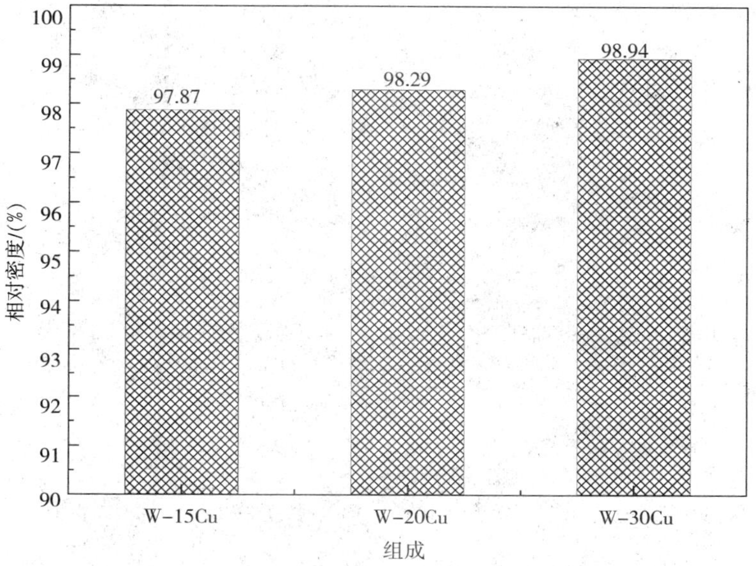

图 3－6 热压烧结 W－Cu 复合材料的相对密度

3.2 W－Cu 复合材料的显微组织结构和成分分析

3.2.1 烧结体表面的显微组织结构

图 3－7(a)、(b)、(c)和(d)所示为 W－20Cu 复合粉末经 350MPa 冷压成型后，分别在 1050℃、1100℃、1150℃和 1200℃下烧结 90min 的金相组织照片，图 3－7(e)、(f)分别是 W－15Cu 和 W－30Cu 在相同成型压力下，1200℃烧结 90min 的金相组织照片。图 3－7 所有图片均为侵蚀后的试样金相照片，由于侵蚀液三氯化铁盐酸溶液侵蚀对象是 Cu，所以图中浅色组织为 W 相，深色组织为侵蚀后的 Cu 相和孔隙。从图 3－7(a)中可以看出，不同烧结温度的 W－20Cu 复合材料烧结体的金相显微组织相似，即 W 相和 Cu 相相间分布，Cu 相分布在 W 相周围，这充分体现了 W－Cu 系液相烧结致密化

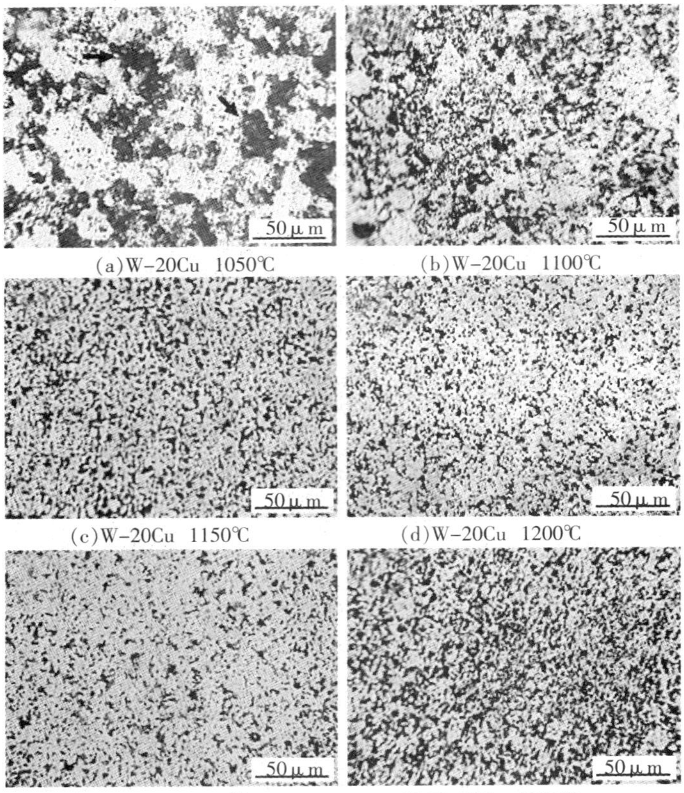

(a)W-20Cu 1050℃ (b)W-20Cu 1100℃

(c)W-20Cu 1150℃ (d)W-20Cu 1200℃

(e)W-15Cu 1200℃ (f)W-30Cu 1200℃

图 3－7 常压烧结 W－Cu 复合材料烧结体的金相照片

的特点，即通过液相烧结时铜液相形成的毛细管力，促进 W 颗粒重排和填充孔隙实现致密化。在 1050℃下烧结的样品 Cu 相分布不均匀，并且存在大量 Cu 池现象(图中箭头所示)。这是因为该温度偏低，Cu 液相量相对较少，扩散不充分，所以孔隙不容易被填满，W 颗粒之间容易接触而长大；同时在较低的温度下 W、Cu 之间的润湿性差，也不利于烧结致密化。而在 1100℃下，W、Cu 相分布已经相对均匀，Cu 池现象大大减少。对比图 3－7(c)、(d)可以看出，1150℃和 1200℃烧结的金相组织，比 1100℃的致密性更好，W、Cu 相分布更加均匀；同时也可以看出，1200℃烧结过后样品中的 W 晶粒尺寸与 1150℃烧法的相比有略微长大，同时 W－W 之间的连接增加。从图 3－7(e)、(f)也可以看出，W－15Cu 和 W－30Cu 在 1200℃烧结下也获得了均匀的组织结构，致密化效果较好。

图 3－8(a)、(b)和(c)分别为热压烧结 W－15Cu、W－20Cu 和 W－30Cu 复合材料的金相照片。从图中可以看出，热压烧结所制备的 W－Cu 复合材料同样具有较好的致密化效果，显微结构中无明显的孔隙；同时，比较图 3－7可以看出，热压烧结后烧结体中 W 的颗粒尺寸更为细小，Cu 相的分布也更为均匀，这将对提高 W－Cu 复合材料的性能大有益处。

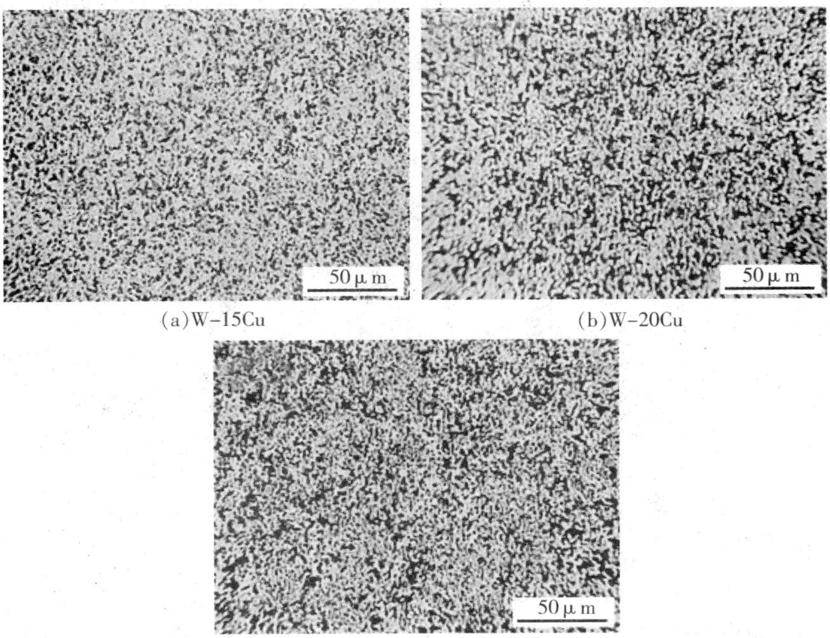

(a)W–15Cu　　(b)W–20Cu

(e)W–30Cu

图 3－8　热压烧结 W－Cu 复合材料的金相照片

3.2.2　烧结体的断口形貌

图 3－9 是三种成分 W－Cu 复合粉体于 350MPa 压力成型，1200℃烧结 90min 后，所得烧结体抗弯断口的扫描电镜照片。可以看出，烧结体中 Cu 相(白色)基本上以网状的形式分布在 W 颗粒(深色)周围，断裂过程中形成许多细密、弯曲的显亮衬度的撕裂棱；而脆性的 W 主要发生沿晶断裂，即 W 颗粒从 Cu 相网络中拔出，断裂面平整，图像亮度低，并伴有少量的穿晶断裂；从放大倍数较低的图 3－9(c)中可以看出，有比较典型的韧窝断口形貌特征，如箭头所示。综上所述，W－Cu 烧结体的抗弯断裂表现出塑性断裂，

主要断裂方式为沿晶断裂，并伴随少量的穿晶断裂。

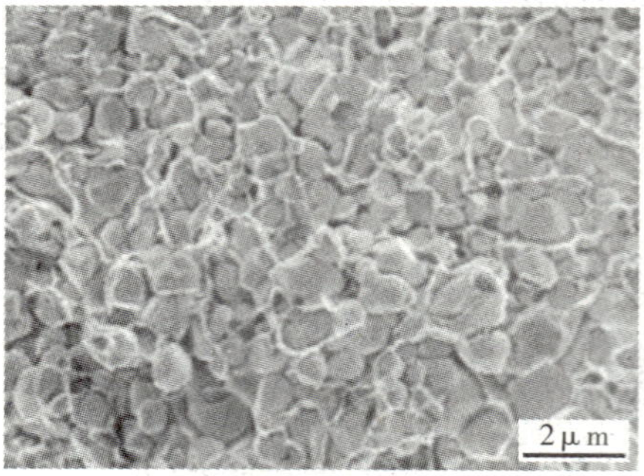

(a)W-15Cu

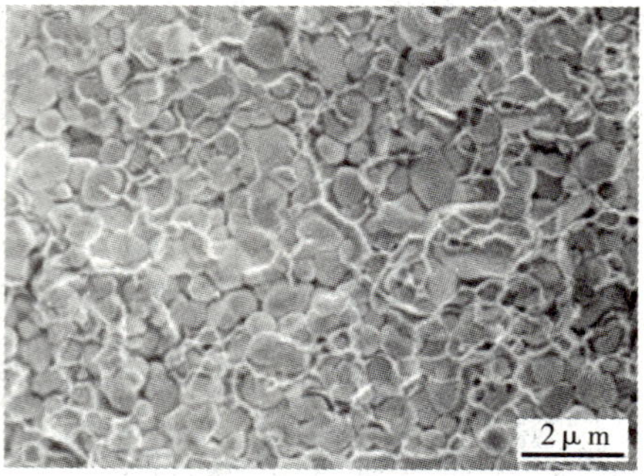

(b)W-20Cu

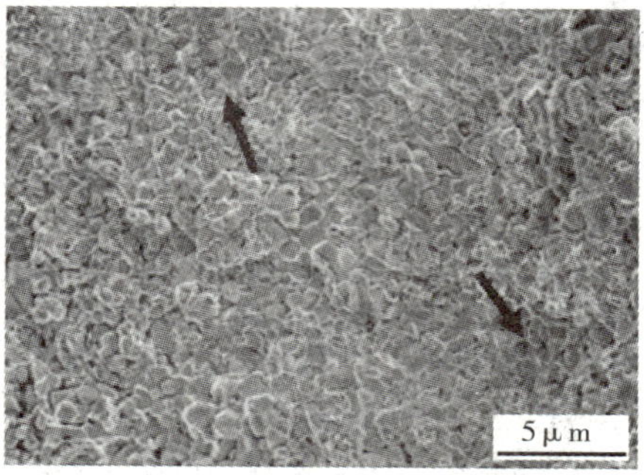

(c)W-30Cu

图3-9 W-Cu复合材料的抗弯断口形貌

3.2.3 烧结体的成分分析

图3-10为常压烧结制备的W-15Cu、W-20Cu和W-30Cu复合材料的EDS能谱。从图中可以看出，三种成分的主要元素都为W、Cu，且W-15Cu和W-20Cu烧结体在仪器测量精度内并未发现杂质元素。这和球磨30h和40h的W-15Cu和W-20Cu纳米晶复合粉纯度高有关，这对于材料的导热性能是非常有利的；另外，相比于W-30Cu粉体的能谱，烧结后W-30Cu烧结体中未检测到O元素，主要是由于烧结气氛为还原性气氛，球磨过程中引入的O元素杂质被排除。

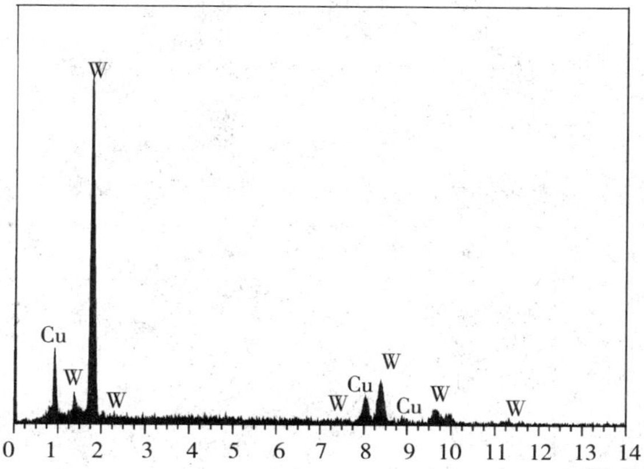

(a) W-15Cu

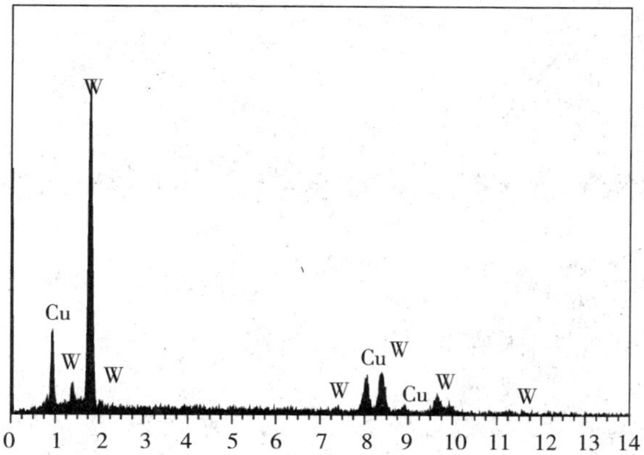

(b) W-20Cu

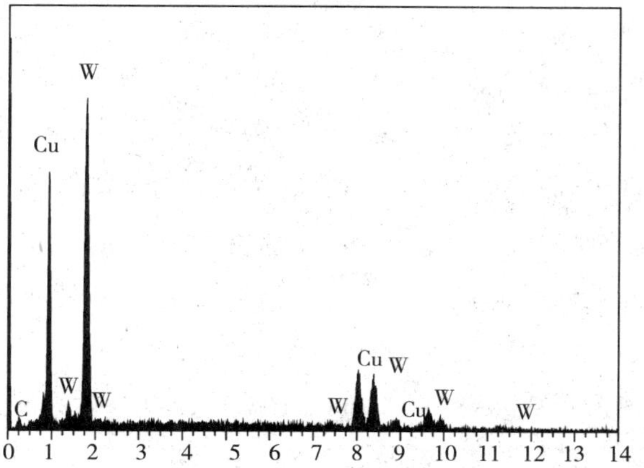

(c) W-30Cu

图 3-10　常压烧结制备的三种成分 W-Cu 复合材料的成分分析

表3-1是W-15Cu、W-20Cu和W-30Cu复合材料的成分。从表中可以看出，每种成分中的Cu含量相对于原始成分都略有降低，是由于球磨时Cu的损失。

表3-1 三种复合体分别球磨30h、40h和60h后粉体颗粒中的成分

元素质量百分比	W-15Cu	W-20Cu	W-30Cu
C	—	—	0.15
Cu	14.68	19.12	29.07
W	85.32	80.88	70.78
总量	100.00	100.00	100.00

3.3 纳米晶W-Cu复合粉末的烧结致密化机理

3.3.1 传统的粉末冶金液相烧结机制

烧结是粉末冶金生产过程中最基本的工序之一，也是最主要的工序，对最终产品的性能起着决定性作用。烧结是粉末或粉末压坯，在适当的温度和气氛条件下加热所发生的现象或过程。烧结的结果是颗粒之间发生黏结，烧结体的强度增加。如果烧结条件控制得当，烧结体的密度和其他物理、机械性能可以接近或达到相同成分的致密材料。通常按照烧结过程有无明显的液相出现和烧结系统的组成，粉末冶金烧结可分为单元系固相烧结、多元系固相烧结和多元系液相烧结。液相烧结(Liquid Phase Sintering)是液相和固相颗粒同时共存的烧结。得到液相的方法主要有两种：一种是使用不同化学性质的粉末混合料，该种混合料的液相来源于低熔组元的熔化或低熔共晶物的形成，这种液相可能是瞬时的，也可能是持续的；另一种是将预合金粉末加热到固相线温度和液相温度之间的温度，进行超固相线温度烧结。液相烧结的主要优点是材料致密化和均匀化的速度较快，材料密度比较高，特别是使用液相烧结技术得到的显微组织可以提供高于使用

固相烧结材料的力学和物理性能，从而可以扩大粉末冶金制品的应用范围。其存在的问题主要有两个方面：一是液相烧结时烧结体收缩后的尺寸控制问题；二是当压坯形状复杂产生不均匀收缩时发生的开裂和坍塌问题。

目前，经典的液相烧结过程三阶段模型是由 Cannon 和 Lenel 提出的，美国学者 German R. M. 教授针对该模型给出的包含混合粉末在内的液相烧结典型阶段，如图 3－11 所示。

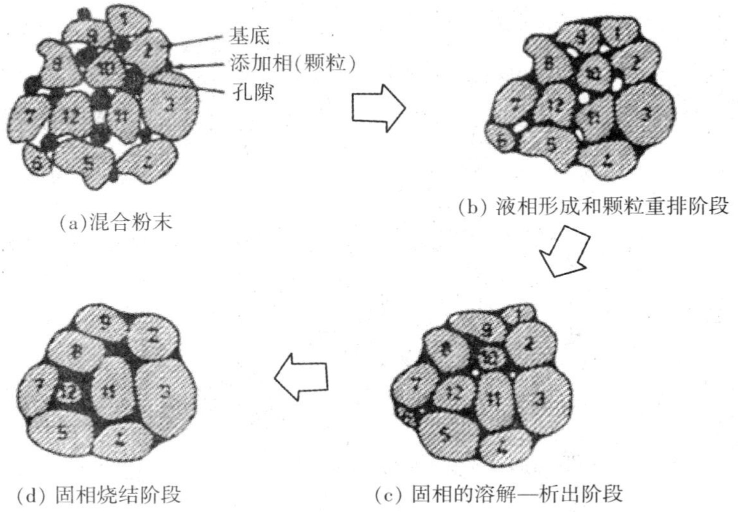

图 3－11　包含混合粉末在内的液相烧结的典型阶段

第一阶段：液相形成和颗粒重排阶段。在足够高的烧结温度下，混合粉末中熔点较低的成分形成液相，固体颗粒受液相表面张力的推动发生移动或旋转，颗粒重新置于分离状态。此时颗粒间孔隙中液相形成的毛细管力驱使分离的颗粒继续不断滑动，使颗粒调整位置、重新分布以达到最紧密的排列。

第二阶段：固相的溶解—析出阶段。固相在液相中有一定的溶解度和扩散转移，是溶解-析出的必要条件。一般情况下，小颗粒的溶解度高于大颗粒，因此，小的颗粒优先溶解，颗粒表面的棱角和凸起部分也优先溶解。在这种情况下，小颗粒趋于减小和消失，颗粒的表面趋向平滑；相反，溶液中一部分过饱和的原子在大颗粒表面析出，使大颗粒趋于长大。因此，该阶段伴随着颗粒形状的改变和长大，使颗粒更加靠拢和烧结收缩，并在后期会有一些固相颗粒形成烧结颈，致密化速度明显减慢。

第三阶段：固相烧结阶段。经过前面的两个阶段，烧结系统中固相颗粒长大，并相互接触形成烧结颈。这种情况下，液相的流动受到严重的阻碍，颗粒的重新排列更加困难，致密化速率进一步减慢，并且扩散作用导致了固体颗粒之间的接触长大。该阶段长时间的烧结，将出现孔洞的粗化和烧结体性能的下降，其过程类似于固相烧结。另外，当液相不完全润湿固相或液相数量较少时，该阶段将表现得更为突出。

图 3-12 所示为 German R. M. 教授提出的液相烧结后的固液界面结构模型，即颗粒以 14 面体的形式存在，而液相占据着颗粒接触的边缘。

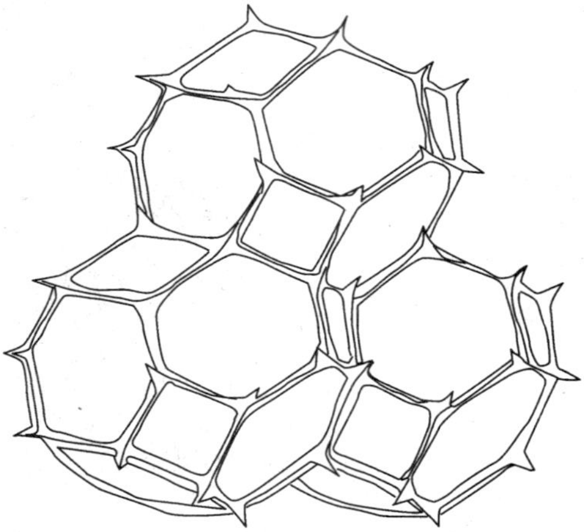

图 3-12　液相烧结后的颗粒固液结构模型

3.3.2　机械合金化纳米晶 W-Cu 复合粉末的烧结致密化机制

常规条件下 W-Cu 二元系统属于固相不溶于液相的系统，在烧结过程中不发生成分变化，也没有溶解和析出阶段，因此要采用液相烧结的方法获得高密度的 W-Cu 复合材料，必须添加烧结活化剂(如 Fe、Co 和 Ni 等)，但烧结活化剂的加入对材料导热、导电性能有较大的损害。根据不互溶二元系统液相烧结的特点，研究发现颗粒大小和粉末的均匀程度都对液相烧结的致密化速度、致密化程度和烧结体的显微组织产生重要的影响。通常情况下，小的颗粒尺寸将有利于提高致密化速率和致密化程度。在重排阶段，一方面，毛细管力增大促使小颗粒进行重排的速度加快；另一方面，颗粒尺寸减小可以大大缩短颗粒的重排距离。粉末的均匀程度高将有利于液相烧结时液相的流动和颗粒滑动，并减少前两个阶段固相颗粒间的接触长大，提高致密度和微结构的均匀性。鉴于这些研究结论，机械合金化、喷雾-干燥法、溶胶-凝胶法、均相沉淀法、机械热化学法、氧化物共还原法等制备工艺，已被广泛地研究用来制备具有超细均匀结构的 W－Cu 复合粉体。

通过第 2 章的研究发现，机械合金化技术制备的纳米晶 W－Cu 复合粉体所具有的性质，不同于上述其他制备工艺得到的 W－Cu 复合粉体。高能球磨过程不仅使 W－Cu 复合粉体获得了纳米级的晶粒尺寸和均匀的成分分布，还扩展了 W、Cu 之间的固溶度，促使纳米晶 W(Cu)过饱和固溶体的形成。因此，机械合金化纳米晶 W－Cu 复合粉末的烧结致密化机制，也将有别于其他工艺方法制备 W－Cu 复合粉末的烧结。目前该方面的研究主要有 Kim J. C. 和 Ryu S. S. 等人给出的如图 3－13 所示的 MA 纳米晶W－Cu 复合粉末的二次重排模型，并提出采用纳米烧结(Nanosintering)的概念，解释 MA 纳米晶 W－Cu 粉末在固相烧结时发生的明显的晶粒长大现象。Kim J. C. 等认为，MA 制备的具有纳米结构的 W－Cu 复合粉体，在烧结时微结构的演化和烧结致密化会经历两个阶段的重排过程。图 3－13(a)为 MA 粉末压坯，平均粒径 3 μm～4 μm，晶粒尺寸 20nm～30nm，压坯相对密度为 40%。图 3－13(b)为 MA 粉末在 1000℃时的固相烧结，此时颗粒内部形成 Cu 池和 Cu 层，并且晶粒尺寸长大到 200nm，相对密度达到 73%，颗粒形貌未发生改变。图 3－13(c)为 MA 粉末在 1100℃液相烧结的情况，此时发生了第一次重排，Cu 的液相形成并开始铺展，晶粒尺寸长大到 800nm，相对密度提高到 95%。Kim J. C. 等认为，该阶段主要发生在 1000℃～1083℃的固相烧结阶段，而且此时坯体中的颗粒形貌并未发生变化，重排发生在颗粒内部。图 3－13(d)为第一阶段重排的继续，晶粒尺寸长大到 1000nm，相对密度提高到 96%，并且此时坯体中的颗粒形状开始发生变化。图 3－13(e)为 1200℃烧结时发生的第二次重排，该阶段的重排使 W 晶粒在 Cu 液相中的分布更加均匀，晶粒尺寸在 1000nm 左右，致密度达到 97%。通过以上分析，Kim J. C. 等得出的结论是：MA 纳米晶 W－Cu 复合粉末的致密化烧结主要发生在 1000℃～1083℃的固相烧结阶段，并把该阶段的烧结致密化解释为 MA 特殊纳米结构 W-Cu 复合粉末所具有的纳米烧结现象。该阶段的烧结发生在粉末颗粒内部，颗粒形状并不发生改变，烧结体的致密度从 40%提高到 95%。

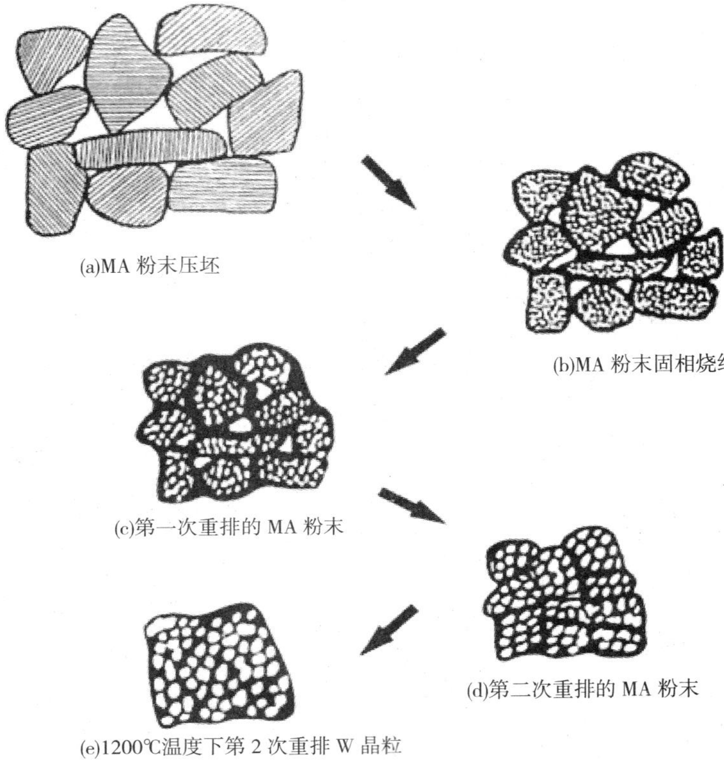

图 3-13 MA 纳米晶 W-Cu 复合粉末的二次重排模型示意图

在本书中通过对 MA 制备纳米晶 W-Cu 的特点和烧结致密化过程的研究分析发现，W(Cu)过饱和固溶体的形成对系统在固相烧结阶段的致密化机制产生了重要影响，从 MA 纳米晶 W-Cu 复合粉体热处理结果来看，球磨过程中形成的 W(Cu)过饱和固溶体在 500℃～800℃退火时开始发生脱溶反应，Cu 相重新从 W 晶粒中析出，该过程将有利于 W 颗粒内部孔隙的消除，减少 W 晶粒间的直接接触机会，实现颗粒内部的小晶粒的重排，为下一步液相烧结时 W 颗粒的重排降低阻力，因此，该阶段应该是 MA 纳米晶

W－Cu 复合粉体烧结致密化过程的第一个重排阶段。由于该阶段只是在颗粒内部进行，所以对致密度的提高并不是很大。Kim J. C. 等提出的第一次重排发生在 1000℃～1083℃的固相烧结阶段，并将其定义为纳米烧结。在本书的研究中发现，在 1000℃时 MA 纳米晶 W－Cu 复合粉体中的 Cu 已经开始形成液相，因此该阶段的烧结致密化已经是液相烧结。但由于液相量较少，并且大多存在于团聚颗粒的内部，从而使颗粒内部得到充分的重排致密化，形成 Cu 池，而且此时的液相 Cu 开始向颗粒外部流动，在颗粒外部形成 Cu 液相层，并逐渐填充孔隙。当温度达到 1083℃以上时，Cu 完全熔化成液相，促进了 W 颗粒的适应性变形，进而使烧结体获得更高的致密度和更加均匀的显微组织。

3.4　W－Cu 复合材料的力学和物理性能

3.4.1　W－Cu 复合材料的硬度

图 3－14 所示是常压条件下，成型压力为 350MPa、不同烧结温度烧结 90min 所得的 W－20Cu 复合材料的维氏硬度关系曲线。可以看出，烧结体的硬度随着烧结温度的升高而增大。当烧结温度从 1050℃升高到 1250℃时，硬度随烧结温度的升高而显著增大，从 256.3HV 增加到 450.4HV。这一方面是由于复合材料的致密度增加而引起的。影响粉末冶金材料硬度的因素主要是孔隙度和晶粒度，当烧结温度升高，复合材料致密度提高，孔隙率降低，材料的硬度随之升高。另一方面，烧结温度升高使复合材料中的 W 晶粒接触长大情况更加严重，进而使材料基体的硬度增加。烧结温度为 1200℃和 1250℃时，烧结体对应的维氏硬度值分别为 432.9HV 和 450.4HV，其硬度值比常规熔渗等工艺有很大提高。

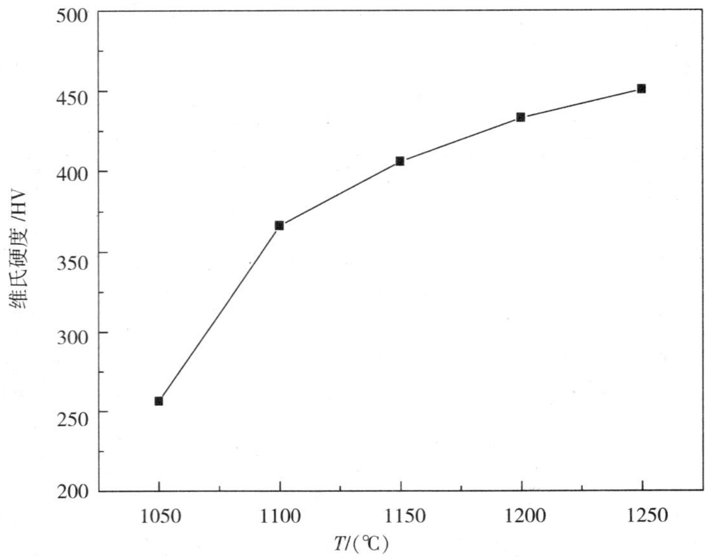

图 3－14　W－20Cu复合材料硬度和烧结温度的关系曲线

图 3－15 绘出常压条件下，成型压力为 350MPa、1200℃烧结 90min 和热压烧结制备的三种成分 W－Cu 复合材料的维氏硬度。从图中可以看出，随 Cu 含量的增加，复合材料的硬度呈下降趋势，其原因是 Cu 为韧性相，相对 W 相硬度较低，材料中 Cu 含量增加必然导致硬度的下降；同时较多的 Cu 含量进一步减少了 W－W 之间的接触，对材料的硬度也产生影响。另外，图中所示热压烧结制备的复合材料的硬度全都小于常压烧结，其主要原因是低温热压烧结的致密度有所降低。

3.4.2　W－Cu 复合材料的抗弯强度

图 3－16 所示为 350MPa 成型、烧结 90min 得到的 W－20Cu 复合材料抗弯强度随烧结温度的变化曲线。从图中可以看出，烧结体的抗弯强度随着烧结温度的增大而增大，在 1200℃时达到最大值 1106MPa。由于材料的强度与孔隙度有关，因此，随着温度的升高，材料的致密度和强度都得到提高，1250℃强度降低是由于晶粒粗化和致密度降低而造成的。

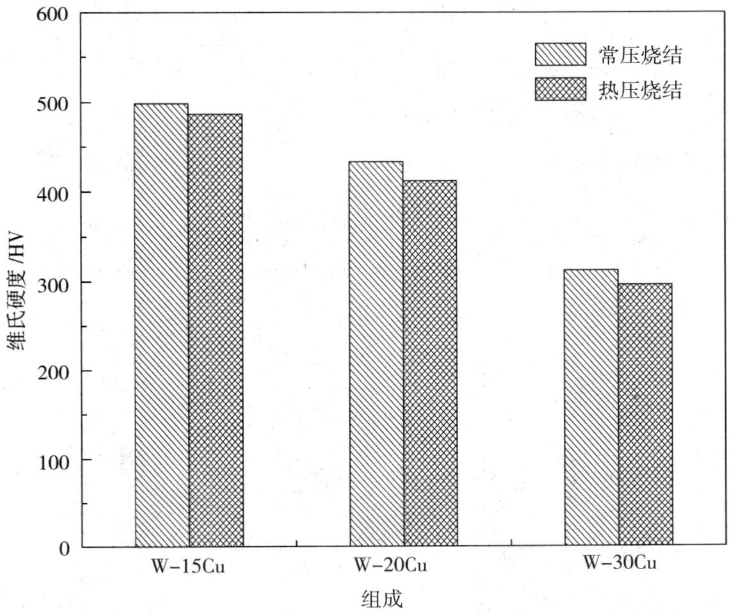

图 3-15 常压和热压烧结制备 W-Cu 复合材料的硬度

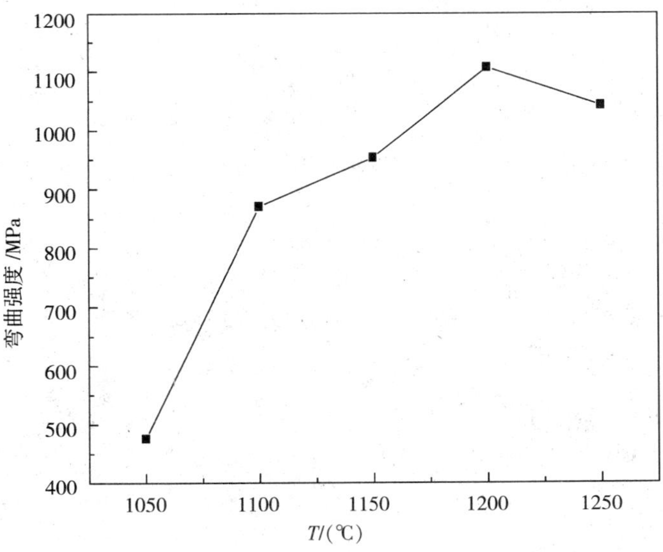

图 3-16 W-20Cu 复合材料抗弯强度和烧结温度的关系曲线

图 3-17 绘出常压条件下，成型压力为 350MPa、1200℃ 烧结 90min 和热压烧结制备的三种成分 W-Cu 复合材料的抗弯强度。从图中可以看出，

与硬度趋势不同，两种制备方法获得的W-20Cu复合材料的抗弯强度在三种成分中最高，W-15Cu复合材料的抗弯强度最低。根据分析，复合材料中的W-W之间的连接和晶粒细化对W-Cu复合材料的强度有较大的影响，W-W之间的连接在一定程度上有利于W-Cu复合材料的强度提高，但过度的连接长大又会降低材料的韧性，导致强度降低。

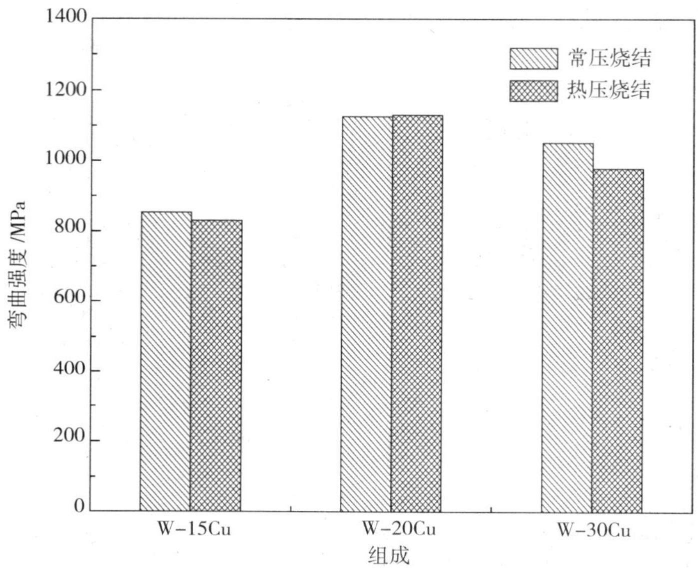

图3-17 常压和热压烧结制备W-Cu复合材料的抗弯强度

3.4.3 W-Cu复合材料的导热性能

图3-18绘出常压条件下，成型压力为350MPa、1200℃烧结90min和热压烧结制备的三种成分W-Cu复合材料的热导率。从图中可以看出，通过机械合金化结合常压和热压烧结得到的W-Cu复合材料均具有较高的热导率。W-15Cu的热导率达到180W/(m·K)左右，而W-20Cu和W-30Cu的热导率均达到200W/(m·K)以上。影响W-Cu复合材料热导率的因素主要有两个：一是W-Cu复合材料的致密度。致密度越低，孔隙率越高，材料的导热能力越差。二是Cu在W基体中是否形成了较为理想的网络结构。这种网络结构可以为W-Cu复合材料提供良好的导热通道，大大提高W-Cu复合材料的热导率。通过本章前面对W-Cu复合材

料的致密化和显微组织分析可以得知，本章节所采用的两种烧结工艺均得到接近全致密的复合材料，并且复合材料中 Cu 形成了较为理想的网络结构。

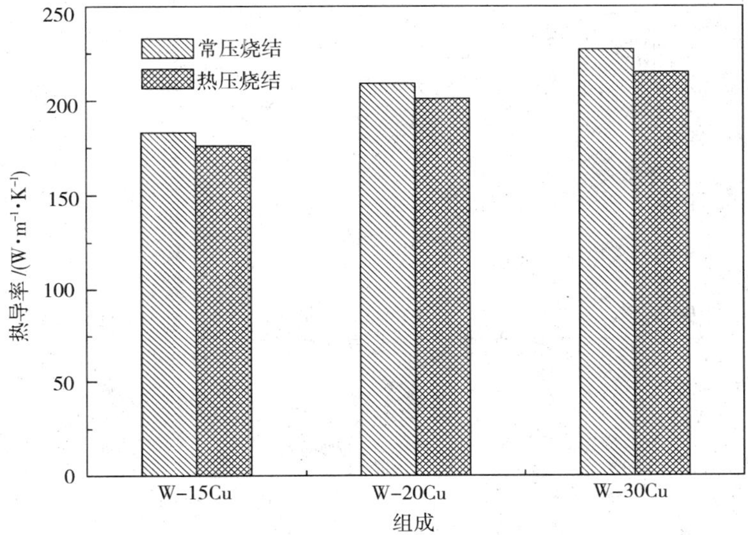

图 3－18　常压和热压烧结制备 W－Cu 复合材料的热导率

3.4.4　W－Cu 复合材料的导电性能

图 3－19 和图 3－20 为本章节所制备 W－Cu 复合材料的电阻率和电导率的测定结果，常压烧结条件为：成型压力 350MPa、1200℃烧结 90min。从图 3－19 中可以看出，随着 Cu 含量的增加，电阻率降低，电导率升高。从图 3－20 中可以得知，热压烧结得到的 W－Cu 复合材料的电导率，普遍低于常压烧结的材料。其原因，一方面是由于热压烧结的烧结体致密度略低；另一方面是由于 Cu 含量较高时烧结体中存在的 C、O 等杂质对复合材料的导热性能产生影响。

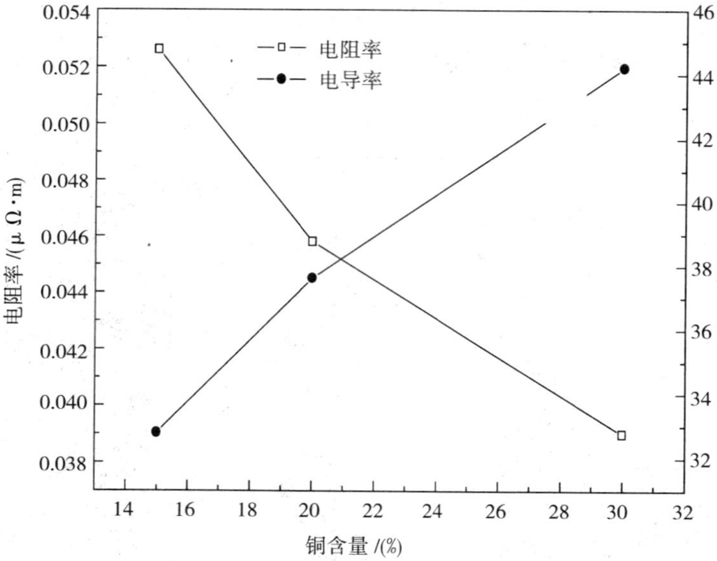

图 3-19　常压烧结制备 W-Cu 复合材料的电阻率和电导率随 Cu 含量的变化

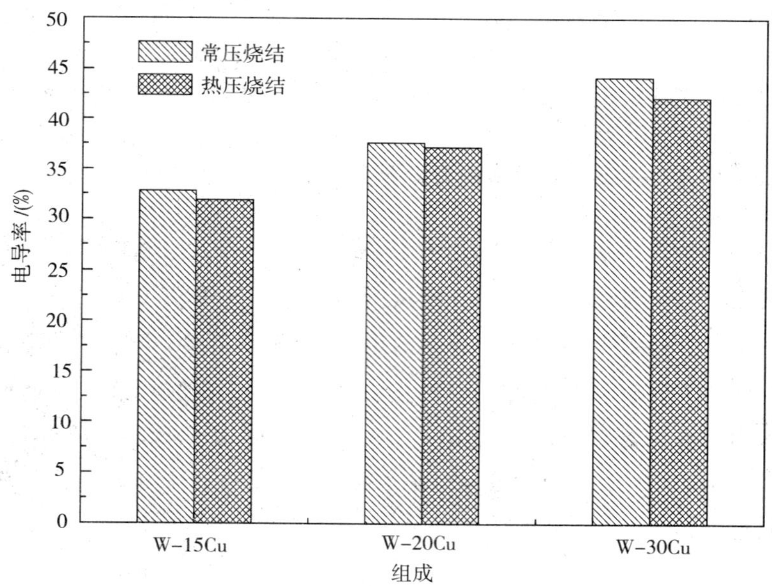

图 3-20　常压和热压烧结制备 W-Cu 复合材料的电导率

参考文献

[1] Miedema A R. Heat of formation of alloys [J]. Philips Tech. Rev., 1976, 36 (8): 217～231

[2]Doré F, Martin C L, Allibert C H. Apparent viscosity of W－Cu powder compacts during sintering [J]. Materials Science and Engineering A, 2004, 383: 390～398

[3] Aboud T, Weiss B Z, Chaim R. Mechanical alloying of the immiscible system W－Cu [J]. Nano－tructured Materials, 1995, 6: 405～408

[4]蔡一湘,刘伯武．钨铜复合材料致密化问题和方法[J]. 粉末冶金技术,1999,17(2):138～144

[5]Ihn T H, Lee S W, Joo S K. Effect of transition metal addition on liquid phase sintering of W－Cu [J]. Powder Metallurgy, 1994, 37(4): 283～288.

[6]Johnson J L, Brezovsky J J, German R M. Effect of liquid content on distortion and rearrangement densification of liquid-phase-sintered W－Cu [J]. Metallurgical and Materials Transactions A, 2005, 36(6):1557～1565

[7]Kim J C, Ryu S S, Kim Y D, et al. Densification behavior of mechanically alloyed W－Cu composite powders by the double rearrangement process [J]. Scripta Materialia, 1998, 39(6): 669～676

[8]Sebastian K V, Tendolkar G S. Experiment observations on the densification by rearrangement in liquid phase sintering [J]. Powder Metall. Int., 1979, 11(2):62～64

[9]Da Costa F A, Da Silva A G P, Gomes U U. The influence of the dispersion technique on the characteristics of the W－Cu powders and on the sintering behavior [J]. Powder Technology, 2003, 134(1～2):123～132

[10]贾成厂,刘小杨,解子章,等．用机械活化与化学活化方法制备 W－Cu

合金[J]. 粉末冶金技术,2001,19(3):148～152

[11]杨自勤,贾成厂,甘乐,等. 机械活化粉末制备W－Cu合金的微观组织[J]. 北京科技大学学报,2002,24(2):115～118

[12]王正云. 高能球磨法制备纳米钨铜复合材料研究[D]. 成都:西华大学,2007

[13]朱心昆,林秋实,陈铁力,等. 机械合金化的研究及进展[J]. 粉末冶金技术,1999,17(4):291～296

[14]Kim D G, Lee K W, Oh S T, et al. Preparation of W－Cu nanocomposite powder by hydrogen-reduction of ball-milled W and CuO powder mixture [J]. Materials Letters, 2004, 58(7－8):1199～1203

[15]Jia C C, Guan X H, Su X K, et al. Microstructure and properties of W－Cu prepared with mechanically activated powder [J]. Journal of University of Science and Technology, Beijing, 2001, 8(2):129～132

[16]王正云,栾道成,冯威,等. 高能球磨法制备钨铜复合材料研究[J]. 硬质合金,2007,24(3):148～152

[17]陈姝. W/Cu梯度功能材料的优化设计与制备[D]. 北京:北京科技大学,2004

[18]黄培云. 粉末冶金原理[M]. 北京:冶金工业出版社,1997

[19]王盘鑫. 粉末冶金学[M]. 北京:冶金工业出版社,1997

[20]Kim J C, Moon I H. Sintering of Nanostructured W－Cu alloys prepared by mechanical alloying [J]. Nanostructured Materials, 1998, 10(2): 283～290

[21]杨成功,王尔德,于洋,等. W－35Cu液相活化烧结工艺研究[J]. 粉末冶金工业,2003,13(5):1～5

[22]刘兵发,谭敦强,周浪. 纳米钨-铜复合材料制备工艺的研究[J]. 材料导报,2005,19(Ⅴ):180～183.

[23]范景莲,严德剑,黄伯云,等. 国内外钨铜复合材料的研究现状[J]. 粉末冶金工业,2003,13(2):9～14

[24]Santra S, Tapec R, Theodoropoulou N, et a1. Synthesis and characterization of silica-coated iron oxide nanoparticles in microemulsion:

the effect of nonionic surfactants[J]. Langmuir,2001,17(10):2900～2906

[25]郭庚辰．液相烧结粉末冶金材料[M]．北京:化学工业出版社,2003

[26]Cannon H S, Lenel F V. Some observations on the mechanism of liquid phase sintering[C]. Benesovsky F. Plansee Proceedings, Metallwerk Plansee, Reutte, Austria, 1953: 106～121

[27]German R M. Liquid Phase Sintering [M]. New York: Plenum Press, 1985

[28]German R M. A Model for the thermal properties of liquid-phase sintered composites [J]. Metallurgical Transactions A, 1993, 24(8):1745～1752

第4章 W－Cu/AlN复合材料的制备及性能表征

AlN作为新型陶瓷材料，具有密度小($3.26g/cm^3$)、热导率高(理论热导率$320W/(m \cdot K)$)、热膨胀系数低($3.5\times10^{-6}K^{-1}$)，高温下材料的强度大、硬度高，且具有优良的耐磨性能等优点，正受到越来越多的重视。尤其在微电子领域中，由于AlN的线膨胀系数低于BeO、Al_2O_3，并且非常与硅匹配，被称为最理想的高功率电子封装先进材料，目前已在微波功率器件、毫米波封装、高温电子封装等领域获得了应用。当前采用AlN作为增强相的复合材料，主要集中在铝基复合材料和铜基复合材料，如董晟全等人采用原位合成法，制备了纳米AlN颗粒增强的铝基复合材料；Liu Y. Q. 等人采用电弧等离子体蒸发和真空热压烧结的方法，制备了纳米AlN颗粒增强的纳米晶铝基复合材料；刘德宝等人采用AlN颗粒表面镀铜的方法，制备AlN颗粒增强的铜基复合材料；本课题组邓景泉等人采用高能球磨的方法，制备了纳米AlN颗粒增强的高强高导CuCrZr/AlN纳米复合材料。这些复合材料都在保持基体本身优良性能的同时获得了更好的力学性能。目前，对W基复合材料的研究发现，尽管W有很好的高温性能和与聚变等离子体较好的相容性，但其存在着韧－脆转变温度(DBTT)高、再结晶温度低以及高温下强度低等问题，因此已经有大量针对这些问题的研究。例如，在W基材料中添加微量La_2O_3、Y_2O_3或TiC微粒，可起到弥散强化和控制再结晶的作用，进而提高W或W合金的高温力学性能。在W－Cu复合材料研究方面，杨晓红等人研究了添加量在0.5%～2.0%(质量分数)的TiC颗粒，对W－Cu触头材料组织和性能的影响，发现少量TiC的加入可使W－Cu合金的耐电压强度升高，减小了电击穿时铜液的飞溅；Shi X. L. 等人对多壁碳纳米管增强W－Cu复合材料的制备工艺和性能进行了研究，试图通过碳纳米管的高比强度和高导热性能（室温时热导率＞3000W/(m·K)），进一步提高 W－Cu 复合材料的强度和热导率，结果发现，添加 4%碳管的 W－Cu 复合材料的弯曲强度和热导率分别提高了 8.8%和 27.8%。

本章在采用机械合金化的方法制备 W－30Cu 纳米晶复合粉体的基础上，再通过球磨混粉工艺向其中添加纳米 AlN 颗粒，并结合真空热压烧结的方法制备了 W－Cu/AlN 复合材料。通过对其密度、热导率、电阻率等物理性能，以及硬度、抗弯强度等力学性能和显微结构的测试和观察，研究了纳米 AlN 粉体的添加量对 W－Cu 复合材料组织和性能产生的影响。

4.1　W－Cu/AlN 复合材料制备工艺和参数

4.1.1　实验原料

实验所用的纳米 AlN 粉体为合肥开尔纳米技术有限发展公司生产，粉末粒度为 50nm，纯度大于 99.0%，其各项参数指标见表 4－1 所列。AlN 的常用物理和力学性能见表 4－2 所列。

表 4－1　原材料 AlN 粉体的各项参数

性能参数	外观	晶型	松装密度 /($g \cdot cm^{-3}$)	比表面积 /($m^2 \cdot g^{-1}$)	游离硅含量 /(%)	总含氧量 /(%)
AlN	灰白	六方	0.12	＞78	0.2	0.8

表 4－2　AlN 的常用物理、力学性能

材料编号	密度 /($g \cdot cm^{-3}$)	熔点 /℃	热导率 /($W \cdot m^{-1} \cdot K^{-1}$)	弹性模量 /GPa	热膨胀系数 /($10^{-6}K^{-1}$)
AlN	3.26	2200	175	345	3.5

4.1.2 W-Cu/AlN复合材料的成分设计与制备

4.1.2.1 成分设计

陶瓷颗粒的加入可以使复合材料的力学性能得到较大提高，但是增强相含量较高时，尤其是纳米级增强相的团聚等问题会导致材料的相对密度降低，进而影响复合材料的力学性能。因此，在本章实验中主要考虑了纳米AlN颗粒的添加量，对W-Cu复合材料各项性能的影响。分别制备了W30Cu-0.25AlN、W30Cu-0.5AlN、W30Cu-1AlN和W30Cu-2AlN。

4.1.2.2 实验路线

首先采用机械合金化的方法制备了W-30Cu的纳米晶粉体，球磨工艺同本文第2章。将球磨40h得到的W-Cu纳米晶粉体与纳米AlN颗粒按上述成分进行配比，放于球磨机中，在氩气气氛保护下混粉10h，图4-1为W30Cu-2AlN混合粉体的XRD图谱。然后将得到的粉体置入惰性石墨模

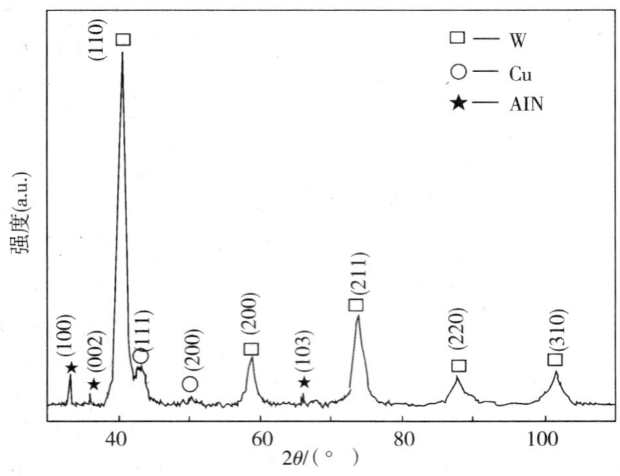

图4-1 W-30Cu/2AlN混合粉体的XRD图谱

具中，放入真空度为1×10^{-4}Pa的真空烧结炉中，在1050℃、25MPa压强下烧结90min，烧结工艺同第3章W-Cu复合材料的热压烧结工艺。对热压烧结得到的W30Cu-AlN复合材料进行密度、热导率、电阻率等物理性能，以及硬度、抗弯强度等力学性能和显微结构的测试和观察，探讨纳米AlN粉体的添加量对W-Cu复合材料组织和性能产生的影响。具体的实验流程

如图 4－2 所示：

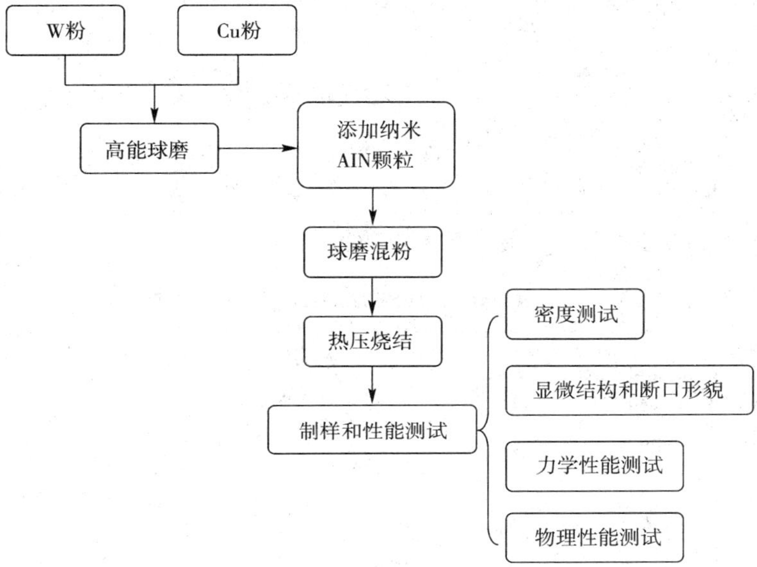

图 4－2　实验流程图

4.2　实验结果与讨论

4.2.1　纳米 AlN 颗粒对 W－Cu 复合材料密度的影响

表 4－3 是添加纳米 AlN 后复合材料的理论密度，及烧结体的实测密度和相对密度。从表中可以得出，随着 AlN 添加量的增加，复合材料的各项密度值均呈现降低的趋势。理论密度降低的原因是由于 AlN 本身的密度（3.26 g/cm^3）远小于钨、铜的密度，随着 AlN 加入量的增加，材料整体的理论密度就会下降。而实测密度降低的原因则不仅仅是 AlN 密度低所造成的，从相对密度的结果可以看出，纳米 AlN 颗粒的添加导致烧结体的致密度逐渐下降，其主要原因有两点：一是 W－Cu 在液相烧结时主要依靠 W 颗粒的重排实现致密化，而纳米 AlN 颗粒的加入在一定程度上阻碍了 W 颗粒的重排，进而影响了复合材料整体的致密化程度。纳米 AlN 颗粒含量越高，阻

碍作用越明显，W颗粒的重排越困难，孔隙也就越难填充。二是AlN颗粒在高温时与铜之间的润湿性比W、Cu之间的润湿性差，其添加量的增加必然导致复合材料整体致密度的下降。

另外，由表4－3的结果可以看出，少量纳米AlN颗粒（≤1%）的加入对W－Cu复合材料的致密度影响并不大，在加入量为1%时，致密度仍接近98%。同时，通过随后的分析得知，少量的纳米AlN颗粒对于提高W－Cu复合材料的物理和力学性能有较大帮助。

表4－3 烧结体的理论密度、实测密度和相对密度

试 样	理论密度/($g \cdot cm^{-3}$)	实测密度/($g \cdot cm^{-3}$)	相对密度/(%)
W30Cu	14.34	14.22	98.94
W30Cu/0.25AlN	14.22	14.06	98.87
W30Cu/0.5AlN	14.10	13.87	98.37
W30Cu/1AlN	13.87	13.59	97.98
W30Cu/2AlN	13.42	12.54	93.44

4.2.2 热压烧结W－Cu和W－Cu/AlN烧结体的XRD分析

图4－3所示为热压烧结W－30Cu和W－30Cu/2AlN烧结体的XRD图谱。从图4－3(a)中可以看出，热压烧结后W、Cu的衍射峰强度明显升高，宽度变窄（对比图2－1(c)），说明烧结过程中W和Cu都发生了晶粒长大现象。对比图4－3(a)和(b)可以看出，在相同条件下烧结后，添加了纳米AlN颗粒的烧结体中W、Cu的衍射峰强度，低于未添加AlN颗粒的烧结体，其原因是纳米AlN颗粒在烧结过程中有效地抑制了W和Cu晶粒的长大。通过计算可知，热压烧结后W－30Cu烧结体中W的晶粒尺寸为45.9nm，而W－30Cu/2AlN烧结体中的W晶粒尺寸为34.7nm，因此，纳米AlN的添加进一步保证了W－Cu复合材料的纳米结构特征，有效地降低了烧结后复合材料的晶粒尺寸。

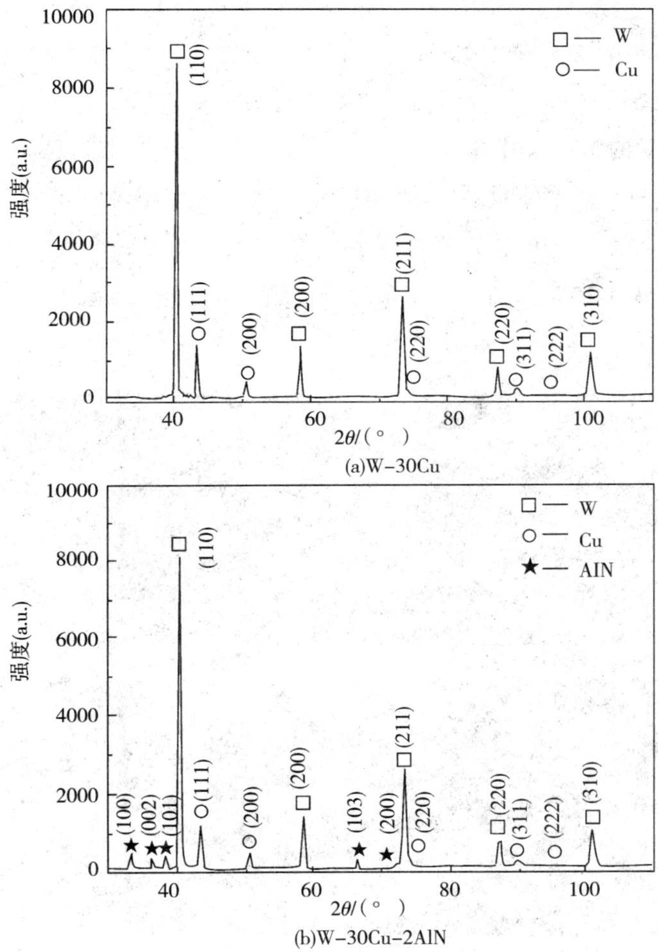

图 4-3　热压烧结 W-30Cu 和 W-30Cu-2AlN 烧结体的 XRD 图谱

4.2.3　AlN 对 W-Cu 复合材料的显微组织的影响

图 4-4 分别是热压烧结 W-30Cu、W-30Cu-0.5AlN、W-30Cu-1AlN 和 W-30Cu-2AlN 烧结体的表面背散射电子形貌图，由于 W 的原子序数大于 Cu 的原子序数，所以在图上显示 W 为浅色，深色为 Cu 相和孔隙。可以看出，热压烧结后的 W-Cu 和 W-Cu/AlN 复合材料都有较致密和均匀的组织结构。其中，热压烧结 W-30Cu 的表面形貌中存在少量的 1 μm～2 μm 的大颗粒(见图 4-4(a))，是由于 W-W 连接长大造成，其余大多数颗粒尺

寸都在0.5 μm左右。从图4-4(b)、(c)、(d)添加纳米AlN颗粒的烧结体形貌中可以看出,随着AlN的添加量增加,大大降低了W-W之间的接触几率,进而促使烧结后颗粒不断得到细化。添加量为1%和2%的W-Cu/AlN复合材料中,W的颗粒尺寸在0.2 μm~0.3 μm。另外,如图4-4(d)中箭头所示,纳米AlN的添加量达到2%时,复合材料中出现了较多的Cu池和孔隙,其主要原因是AlN颗粒在高温时与铜之间的润湿性较差,其添加量的增加阻碍了Cu的液相流动,进而造成烧结体中的成分偏析和致密度的降低。

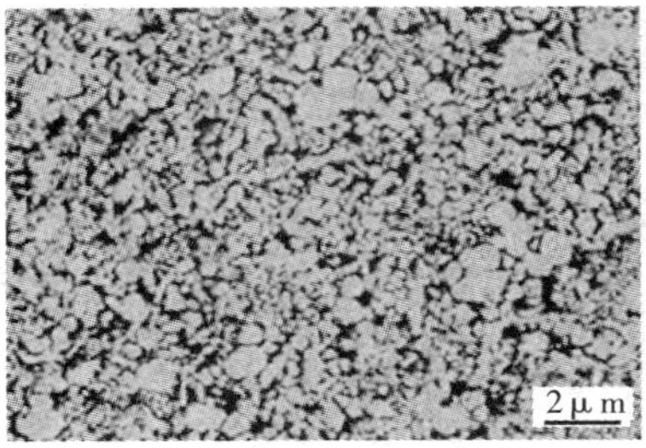

(a) W-30Cu

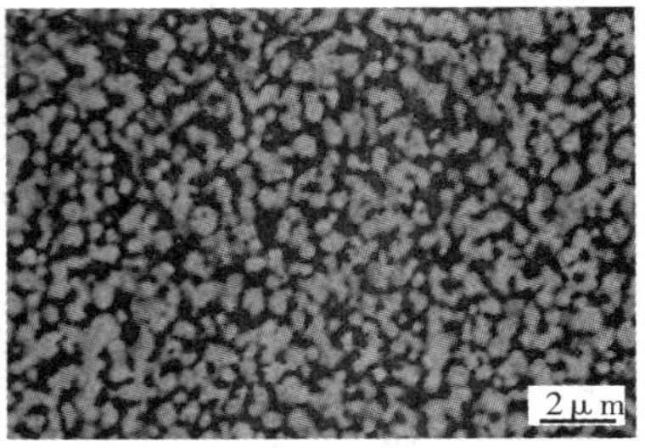

(b) W-30Cu-0.5AlN

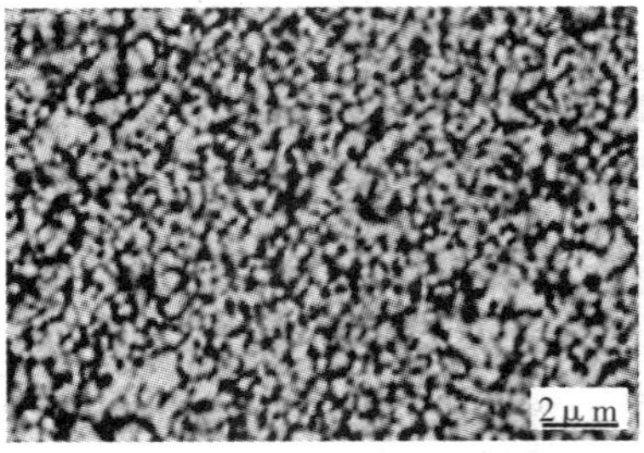

(c) W-30Cu-1AlN

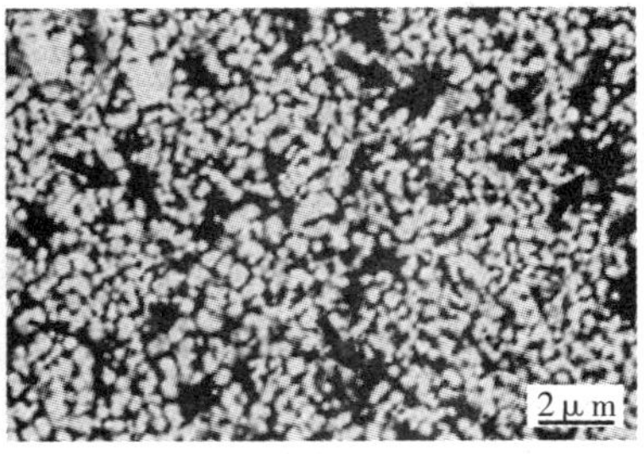

(d) W-30Cu-2AlN

图4-4 热压烧结试样表面的背散射电子形貌

图4-5(a)、(b)是试样表面腐蚀后的二次电子照片,试样表面的坑洞是由于试样表面的Cu被腐蚀掉而形成的。由于AlN不导电,所以在二次电子下呈白色。从图中可以明显地看到,在W-30Cu基体中的纳米AlN颗粒分布均匀,并且图4-5(b)中AlN的含量明显多于图4-5(a)中的,由于含量增加后团聚和烧结后晶粒长大的原因,AlN的颗粒尺寸也较图4-5(a)大。另外,可以看出AlN颗粒全都散于Cu相之中,这是因为AlN颗粒的添加方式为短时间球磨混粉,使其并未与基体中的W或W(Cu)固溶体产生界面反

应，并且 AlN 在高温下具有较好的稳定性，因此热压烧结后仍然较好的保持了颗粒本身的性质。

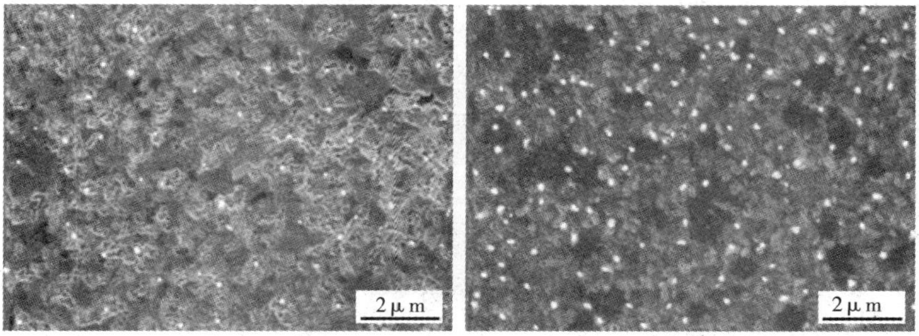

（a）W-30Cu-0.5AlN　　（b）W-30Cu-1AlN

图 4－5　热压烧结试样表面的二次电子照片

4.2.4　W－Cu/AlN 复合材料的成分分析

图 4－6 为热压烧结 W－30Cu－1AlN 烧结体的 EDS 能谱。相比较与常压烧结的能谱图 3－16 可以看出，热压烧结后复合材料中出去 N、Al 等元素外，还多出 O 元素，其原因是热压烧结工艺采用的是真空气氛，进而无法去除球磨过程中引入的 O 杂质。但通过表 4－4 可以得知热压烧结过后 C、O 等杂质含量均较低。

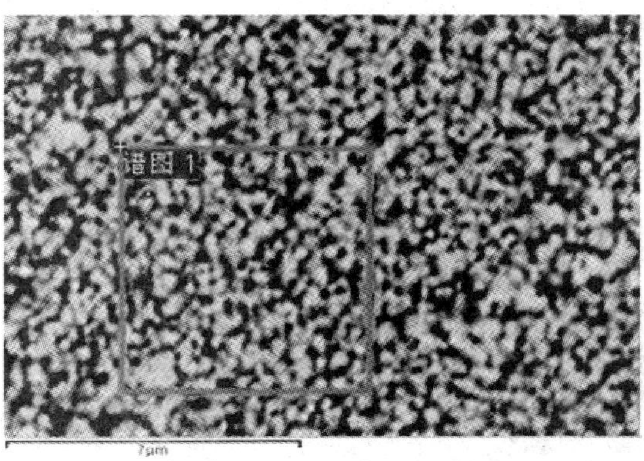

(a)

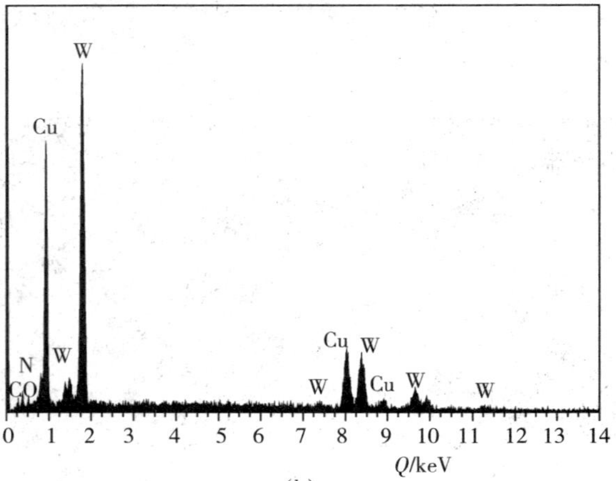

(b)

图 4－6　热压烧结 W－30Cu－1AlN 烧结体的 EDS 能谱

表 4－4　热压烧结 W－30Cu－1AlN 烧结体的成分

W－30Cu－1AlN	元素质量分数
C	0.12
N	0.31
O	0.15
Al	0.85
Cu	28.96
W	69.61
总量	100.00

4.2.5　AlN 对 W－Cu 复合材料的硬度的影响

图 4－7 为 W－Cu/AlN 复合材料的硬度随 AlN 添加量的变化曲线。可以看出复合材料的硬度随纳米 AlN 颗粒的添加量的增加而提高，说明 AlN 颗粒的加入虽然减小了 W－W 之间的连接，但其起到的细晶强化和弥散强化，对基体铜具有更好的强化作用。当添加量＞1％时，硬度的提高趋势减缓，主要原因是复合材料的致密度下降，导致基体中的孔隙增加。

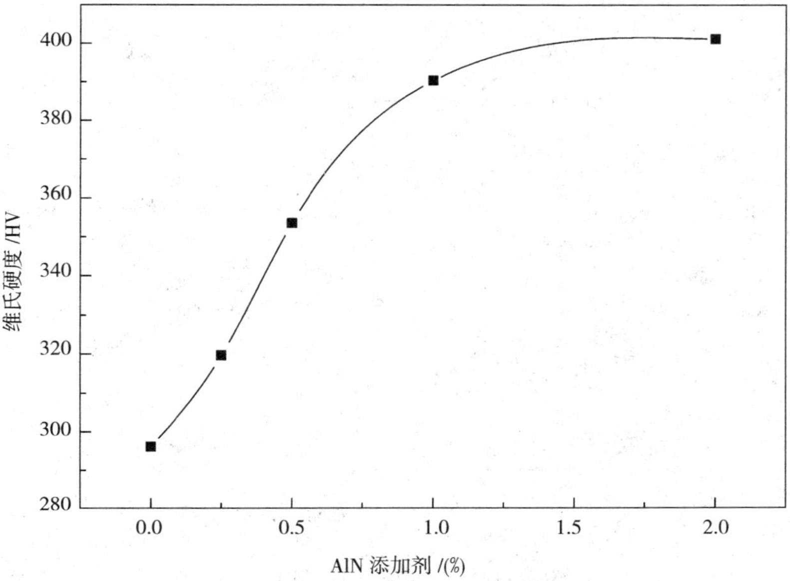

图 4－7　复合材料的硬度随 AlN 添加量的变化

4.2.6　AlN 对 W－Cu 复合材料抗弯强度的影响

图 4－8 为 W－Cu/AlN 复合材料的抗弯强度随 AlN 添加量的变化曲线。从图中可以看出，在添加量≤1％时，复合材料的抗弯强度变化不大，W－30Cu/1AlN的抗弯强度为 958MPa，比 W－30Cu 的 979MPa 略有降低；当添加量≥1％时，强度值下降幅度较大，W－30Cu/2AlN 的抗弯强度为 780MPa，其原因主要是：一方面致密度降低；另一方面，随着 AlN 纳米颗粒的含量增加，基体晶界上的增强相颗粒分布过多，大大降低了烧结过程中基体 W 之间的结合率，致使颗粒间的结合强度降低。

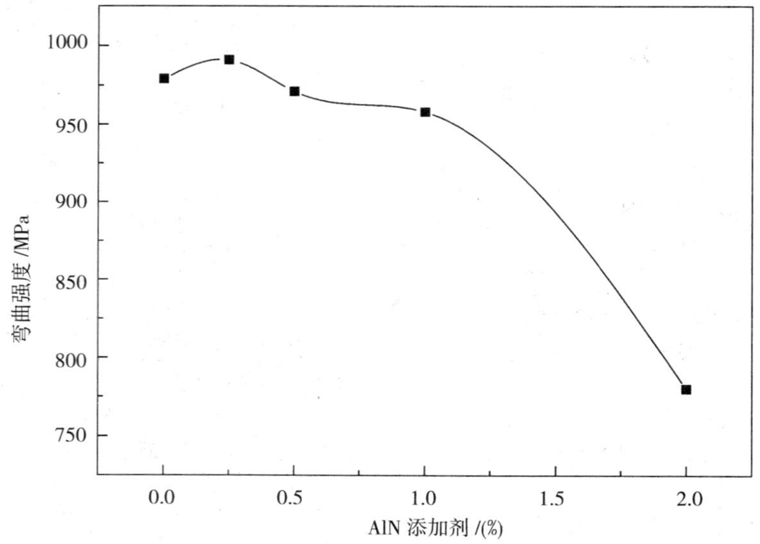

图 4-8 复合材料的抗弯强度随 AlN 添加量的变化

4.2.7 热压烧结 W-Cu 和 W-Cu/AlN 复合材料的抗弯断口形貌

图 4-9 是添加了不同量纳米 AlN 颗粒的试样断口形貌图。其中,图 4-9 (a)和(b)是W-30Cu 复合材料的断口形貌图,图 4-9(c)和(d)为 W-30Cu/0.5AlN的断口形貌图,图 4-9(e)、(f)为 W-30Cu/1AlN 的断口形貌图。从图中可以看出,烧结体致密度较高,内部并没有明显的孔隙存在;从添加 AlN 的复合材料断口可以看出,其中的颗粒大小非常均匀,颗粒尺寸明显小于 W-30Cu 复合材料,这也与烧结体的表面形貌分析是一致的;另外,还可以看出添加 AlN 的复合材料断裂面更为平整,这也证实 AlN 的加入导致复合材料的韧性有所降低。

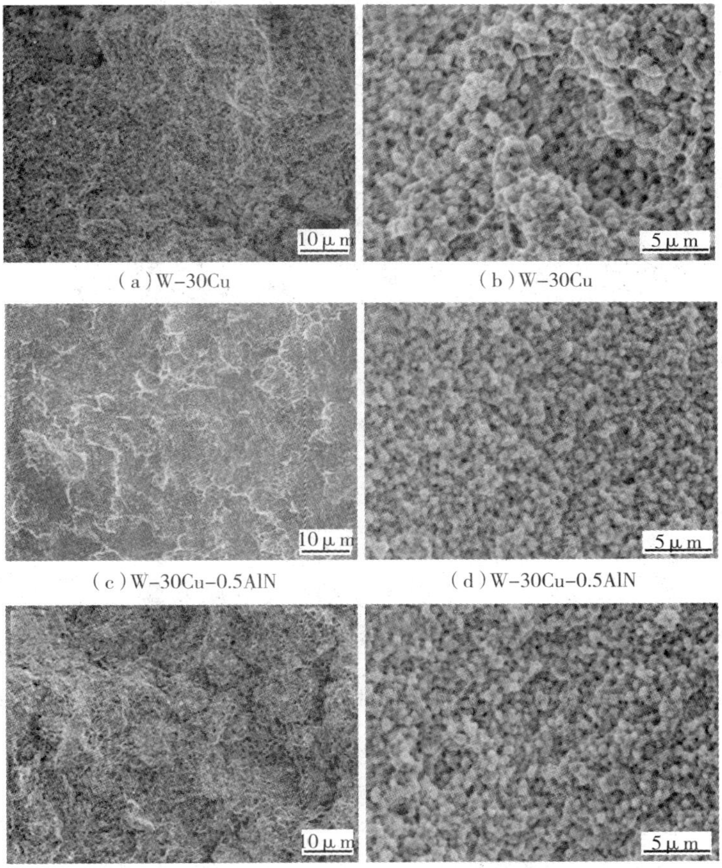

(a) W-30Cu　(b) W-30Cu

(c) W-30Cu-0.5AlN　(d) W-30Cu-0.5AlN

(e) W-30Cu-1AlN　(f) W-30Cu-1AlN

图 4 - 9　热压烧结试样的断口形貌

4.2.8　复合材料的导热性能

图 4 - 10 所示为 W - Cu/AlN 复合材料的热导率。从图中可以看出，少量(≤1%)纳米 AlN 颗粒的添加，并没有使 W - Cu 复合材料的热导率降低，反而有所升高，W - 30Cu/1AlN 的热导率为 234W/(m · K)。主要是由于在低添加量时，材料的致密度保持在较高水平，而 AlN 在纳米级时具有较高的热导率(320W/(m · K))，因此 W - Cu 复合材料中添加纳米 AlN 颗粒，在保证致密度的前提下，对提高 W - Cu 复合材料的热导率有一定的帮助。

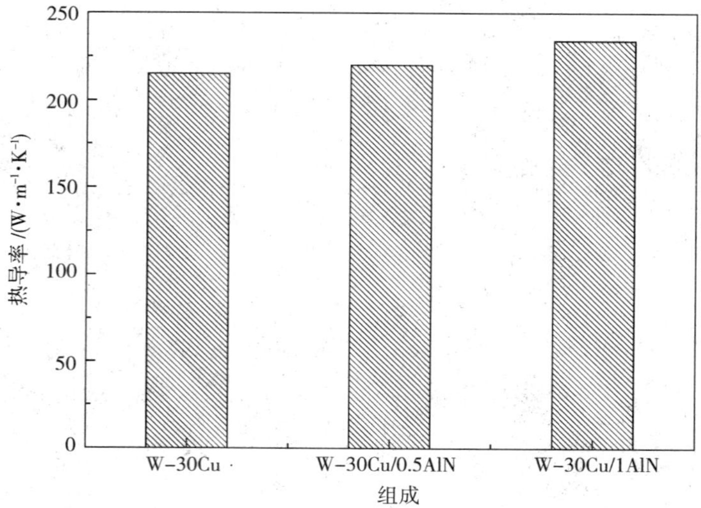

图 4-10　W-Cu/AlN 复合材料的热导率

4.2.9　复合材料的导电性能

图 4-11 为 W-Cu/AlN 复合材料的电阻率和电导率随 AlN 添加量的

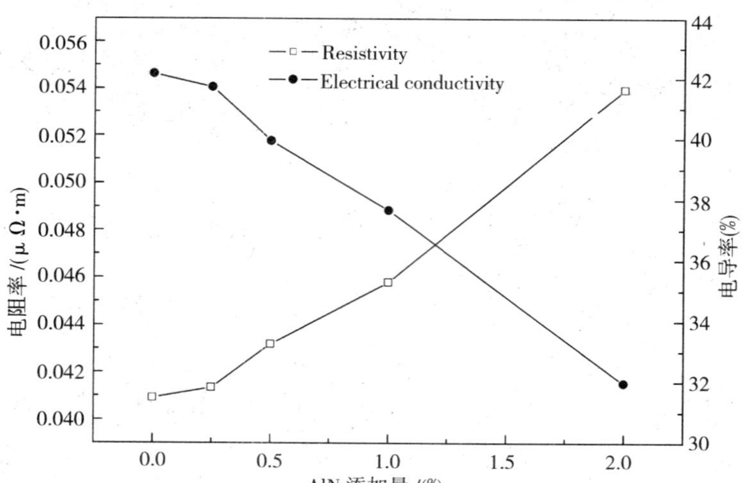

图 4-11　W-Cu/AlN 复合材料的电阻率和电导率随 AlN 添加量的变化

变化。从图中可以看出，随 AlN 添加量的增加，复合材料的电阻率升高，电导率下降。其主要因素是 AlN 的电导率比基体中的 W、Cu 都要低，因此，

AlN 含量增多必然导致电阻率的升高，而电导率则正好相反；另一个显著的原因就是，随着 AlN 的含量增加，材料的致密度降低，尤其是添加量为 2% 时，致密度的降低较明显。

参考文献

[1]Qin M L, Du X L, Wang J, et al. Influence of carbon on the synthesis of AlN powder from combustion synthesis precursors [J]. Journal of the European Ceramic Society, 2009, 29: 795～799

[2]Slack G A, Tanzilli R A, Pohl R O, et al. The intrinsic thermal conductivity of AlN [J]. J. Phys. Chem. Solids, 1987, 48(7): 641～647

[3]Sheppard L M. Aluminun nitride: a versatile but challenging material [J]. Am. Ceram. Soc. Bull., 1990, 69(11): 1801～1812

[4]邰艳龙，吴可量，苗继斌，等．纳米 AlN 润滑材料的制备研究[J]．润滑油，2008，23(4)：37～42

[5]高陇桥．陶瓷-金属材料实用封接技术[M]．北京：化学工业出版社，2005

[6]Tian J, Shobu K. Hot-pressed AlN－Cu metal matrix composites and their thermal properties [J]. Journal of Materials Science, 2004, 39: 1309～1313

[7]金玉丰，王志平，陈兢．微系统封装技术概论[M]．北京：科学出版社，2006

[8]董晟全，郭永春，李高宏．纳 …… 基复合材料的制备与力学性能研究[J]．热加工工艺，……

[9]Liu Y Q, Cong H T, W …… cle-reinforced nanocrystalline Al matrix …… d mechanical properties [J]. Materials Science and E…… , 505: 151～156

[10]刘德宝，崔春翔，马叙．氮化铝颗粒表面…… 增强铜基复合材料[J]．兵器材料科学与工程，2005，28(2)：8～11

[11]邓景泉，吴玉程，王文芳，等．高强高导纳米复合材料 CuCrZr/AlN 的组织与性能[J]．中国有色金属学报，2007，17(3)：428～432

[12] Mabuchi M, Okamoto K, Saito N, et al. Tensile properties at elevated temperature of W－1 La_2O_3[J]. Materials Science and Engineering A, 1996, 214(1～2):174～176

[13]Lee K H, Cha S I, Ryu H J, et al. Effect of two-stage sintering process on microstructure and mechanical properties of ODS tungsten heavy alloy [J]. Materials Science and Engineering A, 2007, 458: 323～329

[14]陈勇，吴玉程，于福文，等．La_2O_3－TiC/W 复合材料组织结构与力学性能[J]. 复合材料学报，2008，25(5)：1～7

[15]Yu F W, Wu Y C, Chen Y, et al. Effect of TiC particle size on microstructure and mechanical properties of 1 TiCp/W composites [J]. Transactions of Nonferrous Metals Society of China, 2007, 17: 660～662

[16]杨晓红，范志康，梁淑华，等．TiC 对 CuW 触头材料组织与性能的影响[J]. 稀有金属材料与工程，2007，36(5)：817～821

[17]Shi X L, Yang H, Shao G Q, et al. Fabrication and properties of W－Cu alloy reinforced by multi-walled carbon nanotubes [J]. Materials Science and Engineering A, 2007, 457:18～23

[18]李荣久．陶瓷-金属复合材料[M]. 北京：冶金工业出版社，1995

[19]黄培云．粉末冶金原理[M]. 北京：冶金工业出版社，1997

[20]周文英，齐暑华，李国新，等．导热胶粘剂研究[J]. 材料导报，2005，19(5)：26～33

第 5 章　W - Cu 梯度功能材料的有限元优化设计

梯度功能材料的设计有别于传统材料的设计方法，它主要是根据使用环境所需要的结构来设计组成分布的。首先要选择合适的材料和恰当的制备方法，再根据材料的物性参数及边界条件进行温度分布和热应力计算，进而找出最佳比应力（应力与强度的比值），最后根据计算结果制备出复合要求的 FGM。其关键之一是进行有效的热应力计算。

W - Cu 热应力缓和型梯度功能材料（FGM）在制备和服役过程中，产生的热应力的大小及其分布状况是制约材料性能的最关键因素，并对其寿命有着重大的影响，同时也是进行梯度功能材料优化设计的主要理论依据和评价标准。因此，分析 W/Cu FGM 在制备中产生的残余热应力就具有十分重要的意义，各国研究人员对该问题均给予了高度重视，并且取得了一些研究成果。目前，对热应力计算的常用方法是解析法和有限元法。陶光勇等采用的解析法是基于热弹性力学和辛普生法，对板状的 W/Cu FGM 制备时产生的残余热应力和工作时产生的热应力大小和分布进行研究。研究结果发现，随着成分分布指数 P 的增加，残余热应力与工作热应力的最大值先减小后增大，当 P 取 1 时，达到最小值；随着梯度层数的增加，工作热应力的最大值逐渐减小，但当梯度层数达到 6 时，随着梯度层数的增加，缓和效果并不明显；当梯度层厚度增加到 5mm 时，工作热应力的最大值约为非梯度材料工作热应力最大值的 50%。刘彬彬等采用有限元数值模拟的方法，对粉末冶金法制备钨铜梯度热沉材料时烧结过程产生的热应力进行数值模拟，分析了过渡层成分和过渡层结构的变化对残余热应力的影响。研究结果发现，三层梯度结构 W - Cu 材料的各层厚度发生变化时，中间过渡层的最佳成分不同；均厚的三层结构应力缓和效果最好；随着梯度结构层数的增加，应力缓和效果增强，但增强的趋势由明显变为平缓。凌云汉等根据聚变堆偏滤器的实际服役情况，运用有限元方法结合材料导热能力的分析，对W/Cu功能梯度材料进行热应力优化设计。结果表明，在 30MW/m^2 的表面热流负荷下，经过优化设计的 W/Cu 功能梯度材料有较好的热应力缓和效果，与非梯度材料相比等效热应力降低 62.3%，表面工作温度下降 500℃；与单纯金属 W 相比，W/Cu 梯度材料的表面工作温度大幅度降低 445℃。

本章节采用有限元方法(Finite Element Method)，以 Ansys10.0 为平台，针对粉末冶金热压烧结 W－Cu 梯度功能材料，在制备过程中产生的残余热应力进行了数值模拟分析。详细讨论了无过渡层、三层和四层结构时，成分分布指数 P 对残余热应力大小和分布的影响，在综合分析了残余热应力大小和梯度层中应力状态等因素的基础上，确定了 W－Cu 系梯度功能材料的最佳成分组合，为下一章节 W/Cu 功能梯度材料的制备提供依据。

5.1 热应力有限元模拟的理论知识

5.1.1 热应力理论基础

物体的变形不仅由外力引起，温度的变化导致的膨胀或收缩也会引起变形，一般称为热变形。具有一定温度场分布的物体，内部各点的温度发生变化会导致材料的膨胀或收缩，如果这种膨胀和收缩能够自由进行，则物体在热的作用下仍会保持一个连续体，因而物体内部不会产生应力；但如果这时外部的约束或内部的变形协调使得其膨胀或收缩不能自由发生，则在物体内部会产生应力。这种无外力的作用，而是由于温度的变化引起的热变形受到约束而产生的应力，称为热应力或温度应力。热应力是一种非常重要的工程实际问题。

在一般的机械结构中，引起热应力的原因大致可分为四种：

(1)结构体构件的热膨胀或收缩受到边界约束；

(2)结构体构件之间的温差；

(3)结构体内某一构件中的温度梯度；

(4)线膨胀系数不同的材料的组合。

梯度功能材料制备过程中的残余热应力产生的原因就属于上述的第(4)种情况。下面采用简单梁弯曲方法来说明双层板在 x 方向的适配应变和热应力。如图 5－1 所示，当梯度材料系统的各部分温度发生变化时，系统将产生应变 $\alpha(T-T_0)$。其中，α 是材料的热膨胀系数；T 和 T_0 分别是当前温度值和初始温度值。计算变温后梯度材料中产生的热应力。

如图 5－1(a)所示，假设材料的热变形不受任何约束，当系统温度发生变化后，每层上均有变形但并不引起应力，此时每层材料因为温度变化而产生的热应变分别是：

$$\begin{cases}\varepsilon_1=\alpha_1(T-T_0)\\ \varepsilon_2=\alpha_2(T-T_0)\end{cases}\tag{5-1}$$

其中，ε_1、ε_2 分别是单层均匀材料在无约束时的热应变；α_1、α_2 分别是单层的热膨胀系数。

如图 5－1(b)所示，当系统温度发生变化后，物体由于约束或各部分温度变化不均匀，热变形不能自由进行，导致物体中产生应力。由于层界面相互约束，在两者接触面处产生等值、反响、相互平衡的界面剪应力，在梯度层中分别产生需要平衡界面剪应力的正应力。因整个系统处于平衡，两者合力应等于零，即：

$$E_1\varepsilon'_1=E_2\varepsilon'_2\tag{5-2}$$

若 $\alpha_1>\alpha_2$，则有：

$$\varepsilon'_1+\varepsilon'_2=\alpha_1(T-T_0)-\alpha_2(T-T_0)\tag{5-3}$$

结合上两式得：

$$\begin{cases}\sigma_1=E_1\varepsilon'_1=\dfrac{E_1E_2}{E_1+E_2}(\alpha_1-\alpha_2)(T-T_0)\\ \sigma_2=E_2\varepsilon'_2=\dfrac{E_2E_1}{E_1+E_2}(\alpha_1-\alpha_2)(T-T_0)\end{cases}\tag{5-4}$$

其中，ε'_1、ε'_2 和 σ_1、σ_2 分别是正应力在梯度层中产生的应变。

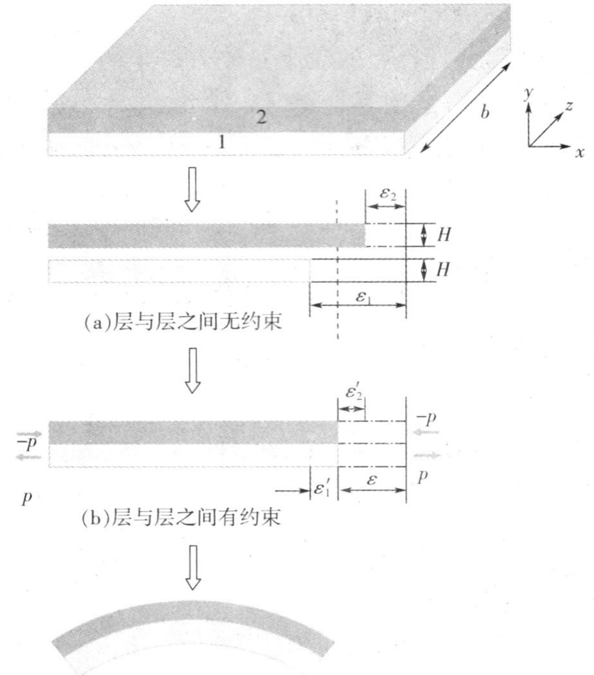

图 5－1　梯度材料残余应力理论模型

假设每层板所受的等值反向的力为 P，则有：

$$P=\sigma Hb \tag{5-5}$$

此时，如图 5－1(c)所示，体系发生弯曲且向上方拱起。由于梯度层界面相互约束和温度变化，实际上产生一个相互协调的应变 ε，由于界面剪应力，而梯度材料两端产生的非平衡弯矩 M 为：

$$M=P\left(\frac{H+H}{2}\right) \tag{5-6}$$

结合式(5－2)和式(5－3)则有：

$$M=\frac{E_1E_2H^2b}{E_1+E_2}(\alpha_1-\alpha_2)(T-T_0) \tag{5-7}$$

5.1.2　温度场问题的微分方程与定解条件

5.1.2.1　温度场问题的微分方程

要计算热应力，首先要求出一个温度场，由此计算热应变，再把机械力负荷产生的正应变和剪应变叠加上去，所以有限元法分析总是从导热温度场开始的，温度场问题也可称为热传导问题。温度场是以某一时刻在一定空间内所有点上的温度值来描述。一般分为两种情况来研究，即稳态温度场问题（与时间无关）和瞬态温度场问题（与时间有关）。在一般三维问题中，对于任意一封闭曲线所围成的物体，物体内各点的温度 T 是位置坐标和时间的函数，即 $T=f(x,y,z,t)$。以傅立叶热传导定律和能量守恒定律为基础，可以导出具有内热源、瞬态温度场和变热物性参数的固体导热微分方程。在直角坐标系下，热传导方程的一般形式为：

$$\rho c\frac{\partial T}{\partial t}-\frac{\partial}{\partial x}(k_x\frac{\partial T}{\partial x})-\frac{\partial}{\partial y}(k_y\frac{\partial T}{\partial y})-\frac{\partial}{\partial z}(k_z\frac{\partial T}{\partial z})-q_v=0 \tag{5-8}$$

式中，T 为物体的瞬态温度；t 为时间；ρ 为材料的密度；c 为材料的比热容；k 为材料的导热系数；q_v 为材料的内部热源强度。

式(5－8)即为具有内热源的三维非稳态导热的导热微分方程。式中等号左边第一项表示微体升温需要的热量；等号左边第二、第三、第四项是由 x,y,z 方向传入微体的热量；q_v 微体内内热源产生的热量。因此，式(5－8)表明了微体升温所需的热量应与传入微体的热量以及微体内热源产生的热量相平衡。

5.1.2.2　温度场问题的定解条件

上述的导热微分方程是用数学形式来描述无数具有不同特点的导热现象中导热体内温度分布的方程式。对于特定的导热现象，在求解时必须给出反映该现象特点的单值性条件，使之能单值地确定其解。单值性条件包括：

(1)几何条件。给定导热体的几何形状、尺寸及相对位置；

(2)物理条件。给定导热体的物理特征，例如诸物理参数的大小、内热源的分布状况等；

(3)初始条件。给定导热开始及 $t=0$ 时，导热体的温度分布状态为：

$$T_o = f(x, y, z) \tag{5-9}$$

对于稳态导热，不需要给定此条件。

（4）边界条件。边界条件是指导热体表面与周围环境的热交换情况，常见的边界条件可归纳为以下三类：

第一类边界条件，是指给定任一瞬时物体各边界上的温度分布 T_w，用公式表示为：

$$T_w = f(x, y, z, t) \tag{5-10}$$

式中，下标 w 表示物体边界范围。

第二类边界条件，是指给定任一瞬时物体边界上任一点的热流密度 q_w。规定热流密度 q_w 的方向等于边界法线 n 的方向，公式表示为：

$$q_w = -\lambda \left.\frac{\partial t}{\partial n}\right|_w = f(x, y, z, t) \tag{5-11}$$

式中，λ 为导热系数。作为第二类边界条件的特例，当边界绝热时，则有

$$q_w = -\lambda \left.\frac{\partial t}{\partial n}\right|_w = 0$$

即

$$\left.\frac{\partial t}{\partial n}\right|_w = 0 \tag{5-12}$$

此类条件也称为绝热边界条件。

第三类边界条件，是指给定物体表面与周围流体之间的热交换状态，又称为对流边界条件。根据能量平衡，物体边界与周围流体之间的对流换热量，应等于单位时间内以导热形式传到边界上的热流密度，即

$$\alpha(T_w - T_f) = -\lambda \left.\frac{\partial t}{\partial n}\right|_w \tag{5-13}$$

式中，α 为换热系数；T_f 为周围介质温度。

只有给定定解条件，才可以求出某一导热问题的唯一定解，这常称为解的唯一性原理。

5.1.3 热弹性问题的基本方程与求解

5.1.3.1 热弹性基本方程及边界条件

物体受热时要发生变形，同时变形会消耗或产生能量，从而影响物体的温度，因此，变形和温度是相互作用和相互耦合的。热弹性理论就是研究弹性体在热作用下的运动和变形，是固体力学的一个重要分支。热弹性力学基本方程包括三种方程，即几何方程、平衡方程和物理方程。

(1)平衡方程（又称 Navier 方程），不计体积力时，热应力应满足：

$$\left.\begin{aligned}\frac{\partial\sigma_x}{\partial x}+\frac{\partial\tau_{yx}}{\partial y}+\frac{\partial\tau_{zx}}{\partial z}=0\\\frac{\partial\tau_{xy}}{\partial x}+\frac{\partial\sigma_y}{\partial y}+\frac{\partial\tau_{zy}}{\partial z}=0\\\frac{\partial\tau_{xz}}{\partial x}+\frac{\partial\tau_{yz}}{\partial y}+\frac{\partial\sigma_z}{\partial z}=0\end{aligned}\right\}\tag{5-14}$$

(2)几何方程（又称 Gauchy 方程），几何方程表示应变与位移的关系，而应变与位移的关系与引起位移的原因无关，所以在微小变形条件下，热弹性的几何方程为：

$$\left.\begin{aligned}&\varepsilon_x=\frac{\partial u}{\partial x},\varepsilon_y=\frac{\partial v}{\partial y},\varepsilon_z=\frac{\partial w}{\partial z}\\&\gamma_{xy}=\frac{\partial v}{\partial x}+\frac{\partial u}{\partial y}\\&\gamma_{yz}=\frac{\partial w}{\partial y}+\frac{\partial v}{\partial z}\\&\gamma_{zx}=\frac{\partial v}{\partial z}+\frac{\partial w}{\partial x}\end{aligned}\right\}\tag{5-15}$$

(3)物理方程（广义 Hooke 定律），在变温情况下，弹性体的应变分量应由两部分叠加而成：其一，是由于自由热膨胀引起的应变分量，如式(5－16)所示；其二，在热膨胀时由于弹性体内各部分之间的相互约束引起的应变分量，它们和热应力之间应服从胡克定律。

$$\left.\begin{aligned}
\varepsilon_x &= \frac{1}{E}[\sigma_x - \mu(\sigma_y + \sigma_z)] + \alpha T \\
\varepsilon_y &= \frac{1}{E}[\sigma_y - \mu(\sigma_z + \sigma_x)] + \alpha T \\
\varepsilon_z &= \frac{1}{E}[\sigma_z - \mu(\sigma_x + \sigma_y)] + \alpha T \\
\gamma_{xy} &= \frac{1}{G}\tau_{xy} = \frac{2(1+\mu)}{E}\tau_{xy} \\
\gamma_{yz} &= \frac{1}{G}\tau_{yz} = \frac{2(1+\mu)}{E}\tau_{yz} \\
\gamma_{zx} &= \frac{1}{G}\tau_{zx} = \frac{2(1+\mu)}{E}\tau_{zx}
\end{aligned}\right\} \tag{5-16}$$

式中，E、G 和μ分别为拉伸弹性模量、剪切弹性模量和泊松比。

式(5-16)是采用应力分量来表示应变分量的，也可用应变分量来表示应力分量，即

$$\left.\begin{aligned}
\sigma_x &= \lambda e + 2G\varepsilon_x = 2G(\varepsilon_x + \frac{\mu}{1-2\mu}e) \\
\sigma_y &= \lambda e + 2G\varepsilon_y = 2G(\varepsilon_y + \frac{\mu}{1-2\mu}e) \\
\sigma_z &= \lambda e + 2G\varepsilon_y = 2G(\varepsilon_z + \frac{\mu}{1-2\mu}e) \\
\tau_{xy} &= G\gamma_{xy} \\
\tau_{yz} &= G\gamma_{yz} \\
\tau_{zx} &= G\gamma_{zx}
\end{aligned}\right\} \tag{5-17}$$

式中，λ 为拉密常数；e 为体应变。

$$\lambda = \frac{\mu E}{(1+\mu)(1+2\mu)} \tag{5-18}$$

$$e = \varepsilon_x + \varepsilon_y + \varepsilon_z = \frac{\partial u}{\partial x} + \frac{\partial v}{\partial y} + \frac{\partial w}{\partial z} \tag{5-19}$$

上述几何方程、平衡方程和物理方程构成了热弹性问题的基本方程组（共 15 个方程组成的方程组），其边界条件就是弹性体边界上所受的约束条

件和载荷条件。约束条件称为位移边界条件，即边界点的位移等于已知函数：

$$u=\bar{u},v=\bar{v},w=\bar{w} \tag{5-20}$$

载荷边界条件用边界点的应力和面力平衡关系表示，面力为零时满足：

$$\left.\begin{aligned}\sigma_x l+\tau_{xy}m+\tau_{xz}n=0\\ \tau_{xy}l+\sigma_y m+\tau_{yz}n=0\\ \tau_{xz}l+\tau_{yz}m+\sigma_z n=0\end{aligned}\right\} \tag{5-21}$$

5.1.3.2　热弹性基本方程的求解

上述热弹性基本方程共包括15个未知函数，这些未知函数将用15个方程（3个平衡方程、6个几何方程和6个物理方程）来求解，方程的个数与未知量的个数是相等的。在具体问题中，弹性体表面的边界条件作为方程组的补充条件，组成封闭的定解问题，即可求得应力分量、应变分量和位移分量。弹性力学问题的具体求解方法可分为位移法、应力法和混合法。

（1）位移法。此法以位移分量u、v、w作为基本未知量，由位移表示的平衡方程式及边界条件先求出位移分量，通过几何方程求应变分量，再由物理方程求应力分量。

（2）应力法。此法以应力分量作为基本未知量，按包含应力分量的平衡方程及边界条件求σ_{ij}，然后由物理方程求ε_{ij}，再由几何方程求位移u、v、w分量。

（3）混合法。此法同时以某些位移分量和某些应力分量作为基本未知量，用包含上述基本未知量的微分方程和边界条件求出这些基本未知量，再用相关的方程求出其他未知量。

在多数情况下，按位移求解弹性力学问题比较方便。将位移分量u、v、w作为基本未知量，综合15个方程消除应变和应力，变为只含u、v、w的三个方程：

$$\left.\begin{aligned}(\lambda+G)\frac{\partial e}{\partial x}+G\nabla^2u+X=0\\(\lambda+G)\frac{\partial e}{\partial y}+G\nabla^2v+Y=0\\(\lambda+G)\frac{\partial e}{\partial z}+G\nabla^2w+Z=0\end{aligned}\right\}\tag{5-22}$$

式中，$\nabla^2=\frac{\partial^2}{\partial x^2}+\frac{\partial^2}{\partial y^2}+\frac{\partial^2}{\partial z^2}$称为拉普拉斯算子(Laplace)。方程式(5-22)称为位移普遍方程，即任何弹性力学问题，都可以用它来求三个位移分量。求得位移分量，就可通过式(5-15)和式(5-16)求得应变分量和应力分量。

5.2 钨铜功能梯度材料结构设计与优化

梯度功能材料梯度层内热应力的大小与材料的组成及性能是密切相关的，因此，可以通过材料组成的梯度化来减小热应力及改善热应力的分布，从而提高梯度层之间的界面结合力，最大限度地减小梯度层间热膨胀系数不同带来的失配问题。具有不同组成参数(如组成配比、厚度等)的梯度层，具有不同的性能和不同的热应力分布。为了使制备出的梯度材料具有最佳的性能，同时减小制备的盲目性，在制备梯度材料前，对梯度材料进行合理的热应力缓和设计是非常必要的。热应力缓和设计就是采用模型计算的方法，对具有不同组成参数的梯度材料的性能进行预测，根据各组成参数对热应力分布和热应力缓和效果的影响关系，找出使梯度材料中热应力的缓和效果最佳的组成参数，为梯度材料的制备提供理论依据。本书采用有限元分析法对需要制备的钨铜功能梯度材料进行了热应力缓和设计。

5.2.1 有限元分析几何模型及边界条件

在有限元模拟的过程中，假设各梯度层材料均为各向同性，且物性参数不随温度变化而变化。

本书采用圆柱有限元计算模型，如图5-2所示，直径$D=30$mm，厚度$H=3$mm，根据刘彬彬等人的研究结果选择均厚结构进行模拟。由于轴对称性，取样品的 1/4 截面进行有限元分析。取铜的自由应力温度为 800℃，冷却至室温 25℃。中心轴与下表面的交点为坐标原点，所取边界条件为：将左下角一点的 x、z 方向的自由度进行限定。求解热应力采用间接耦合法，先选用 Plane 55 单元完成温度场计算后，再转换成 Plane 42 单元，计算热应力。图 5－3 为有限元分析模型的网格划分结果。

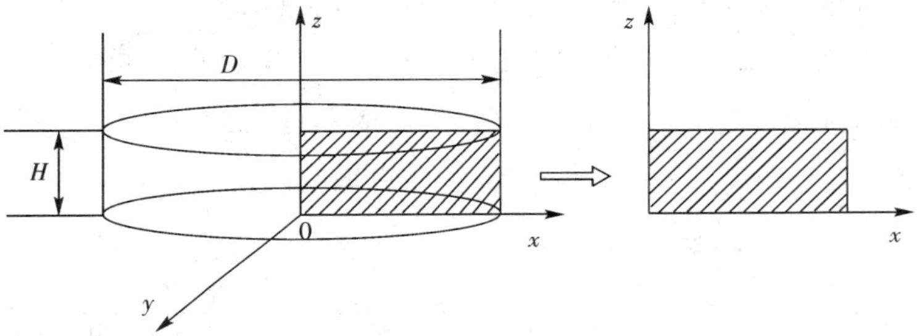

图 5－2　有限元分析的几何模型

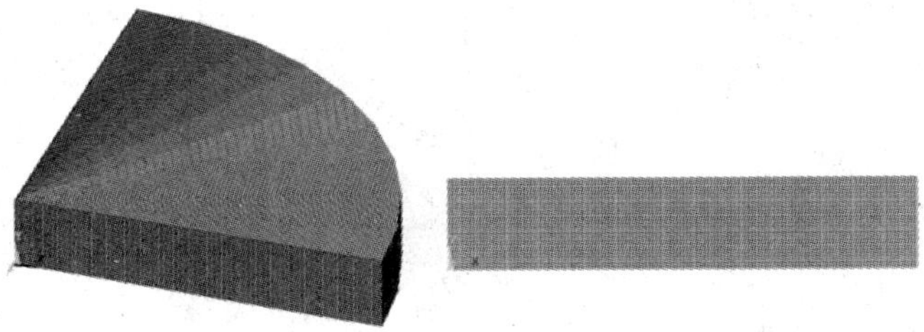

(a)1/4 实体视图　　(b)二维视图

图 5－3　有限元分析模型的网格划分结果

5.2.2　成分分布函数和物性参数模型

5.2.2.1　FGM 的成分分布函数

与普通材料不同，FGM 沿着某一方向其各组元的成分发生连续变化，因此，必须建立材料成分与成分梯度方向、位置之间的函数关系。目前广泛采用的 FGM 成分设计和热应力分析的成分分布模型是 Wadashima K. 和 Hirao T. 等所采用的幕函数表示法，该模型成分分布的可变范围较大，且以梯度指数 p 来描述成分梯度比较直观。本书也以此模型进行 FGM 的成分设计，梯度层由钨和铜组成，则设计中的成分分布函数如下：

$$\left.\begin{aligned} f_{Cu} &= (z/h_{FGM})^p \\ f_W &= 1 - f_{Cu} \end{aligned}\right\} \tag{5-23}$$

式中，z、h_{FGM}分别表示从梯度材料下表面到某一成分层的垂直距离和梯度材料的总厚度；f_{Cu}、f_W分别为Cu和W的体积分数；p为梯度组成的成分分布指数。不同的p值代表不同的成分分别规律，根据式(5-23)，计算出不同的成分分布指数时Cu的体积分数，并绘制出随距离的变化曲线。如图5-4所示，$p<1$时梯度材料在靠近散热层(Cu)的梯度层成分变化平缓，且整体材料的Cu含量较高；$p>1$时梯度材料在靠近封结层(W)的梯度层成分均匀，整体材料含W量较高；$p=1$时为线性分布。

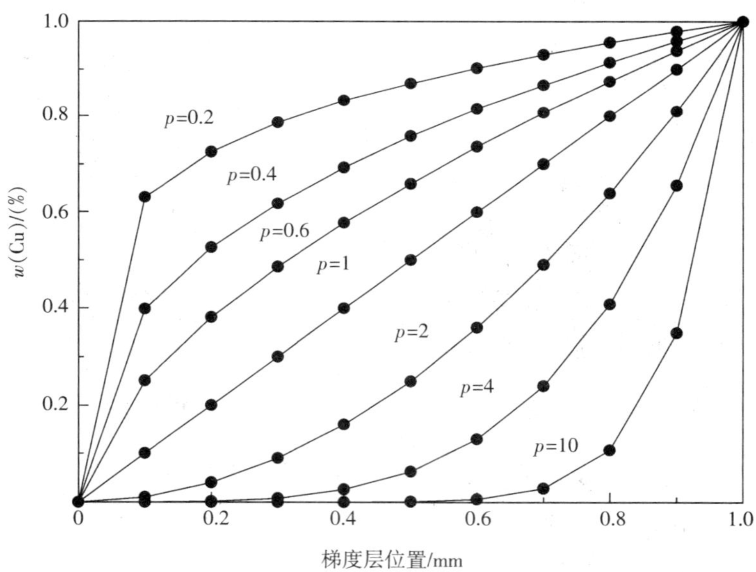

图5-4 Cu含量在梯度层中的组分分布曲线

5.2.2.2 材料物性参数模型

FGM各梯度层的物性参数的计算有多种混合物法则，由于复合材料的性质不仅和组分有关，也和复合材料的结构有关，因此在应用混合物法则时有必要全面考虑材料性质和结构间的关系。目前最普遍的规律都是基于微观结构而提出的，表5-1列出了复合材料结构和混合物法则之间的关系。

表5-1 基于复合材料微观结构的混合物规律

材料微结构形状	热导率	热膨胀系数	弹性模量 E,K,G	材料强度
薄片状	Reuss 规则	基于模量规则	Voigt 规则	Voigt 规则
横向纤维状	Reuss 规则	基于模量规则	Voigt 规则	
纵向纤维状	Voigt 规则	Voigt 规则	Reuss 规则	Reuss 规则
薄层状	Voigt 规则	Voigt 规则	Reuss 规则	Reuss 规则
片状	Kerner 方程	Eshelby 理论	Eshelby 理论	
球状颗粒	Kerner 方程	Kerner 或 Turner 方程	Kerner 方程	
显微气孔	Maxwell 方程		Mackemzie 方程	Haynes 或 Ryskwisch 方程

针对本课题钨铜复合材料的微结构特点，采用适用于球状颗粒的Kerner方程计算钨铜FGM各梯度层的物性参数。根据Kerner混合法则，钨铜FGM各梯度层的等效体积模量K、剪切模量G、热导率λ、热膨胀系数α的计算式如下：

$$K=\frac{K_W f_W+K_{Cu} f_{Cu}\left[\dfrac{3K_W+4G_W}{3K_{Cu}+4G_W}\right]}{f_W+f_{Cu}\left[\dfrac{3K_W+4G_W}{3K_{Cu}+4G_W}\right]} \tag{5-24}$$

$$G=G_W\frac{\dfrac{f_{Cu}G_{Cu}}{(7-5\nu_W)G_W+(8-10\nu_W)G_{Cu}}+\dfrac{f_W}{15(1-\nu_W)}}{\dfrac{f_{Cu}G_W}{(7-5\nu_W)G_W+(8-10\nu_W)G_{Cu}}+\dfrac{f_W}{15(1-\nu_W)}} \tag{5-25}$$

$$\lambda=\frac{f_W\lambda_W+f_{Cu}\lambda_{Cu}\dfrac{3\lambda_W}{2\lambda_W+\lambda_{Cu}}}{\nu_W+\nu_{Cu}\dfrac{3\lambda_W}{2\lambda_W+\lambda_{Cu}}} \tag{5-26}$$

$$\alpha=f_W\alpha_W+f_{Cu}\alpha_{Cu}+\frac{4G_W}{K}\frac{(K-K_{Cu})(\alpha_W-\alpha_{Cu})\nu_{Cu}}{4G_W+3K_{Cu}} \tag{5-27}$$

式中，f、K、G、ν、λ、α分别为复合材料各组成相的体积分数、体积模量、剪切模量、泊松比、热导率、热膨胀系数。

利用公式(5－24)和式(5－25)计算得到体积模量 K 和剪切模量 G，再根据下面的两个公式便可计算得到各梯度层材料的泊松比和弹性模量：

$$\nu=\frac{3K-2G}{2(3K+G)} \tag{5-28}$$

$$E=2G(1+\nu)=\frac{9KG}{3K+G} \tag{5-29}$$

W、Cu 的室温物性参数见表 5－2 所列。

表 5－2　W、Cu 的室温物性参数

材料	密度 /($g \cdot cm^{-3}$)	热导率 /($w \cdot m^{-1} \cdot K^{-1}$)	弹性模量 /GPa	泊松比	线胀系数 /($10^{-6}K^{-1}$)	体积模量 /GPa	剪切模量 /GPa
W	19.32	130	410	0.28	4.5	325	159
Cu	8.96	400	128	0.35	17	161	47

5.2.3　钨铜功能梯度材料残余热应力计算结果

本书将采用机械合金化结合热压烧结的方法制备 W－Cu 梯度功能材料，兼顾所采用方法的特点和梯度材料制备成本和生产效率，拟制备出三层和四层结构的 W－Cu 复合材料。根据梯度材料封接层的热膨胀系数要求(与基板材料的热膨胀系数相匹配)，选用 W－20Cu(体积分数)作为封接层，散热层选取 W－50Cu(体积分数)。下面主要对两层、三层和四层等厚的 W－Cu梯度材料在制备过程中的残余热应力进行数值模拟。

5.2.3.1　封接层与散热层间无过渡情况的残余热应力分析

首先对封接层与散热层间无过渡层的情况进行模拟分析，如图 5－5 所示为封接层和散热层之间无过渡时的残余应力云图。从图 5－5(a)中可以看出，位于下面部分的封接层受压应力，最大压应力为－633MPa；位于上面的散热层受拉应力，最大拉应力为 529MPa，产生的应力使材料发生了明显的弯曲变形。这是因为，两种成分的材料由高温冷却至室温时都有收缩的趋势，但又同时限制对方的变形，而含 Cu 量低的封接层的热膨胀系数小于含 Cu 量高的散热层的热膨胀系数，其收缩小于散热层。封接层比散热层所受的径向应力整体较大，界面处应力突变现象比较严重，在材料的外边缘有较大的应力集中现象。从图 5－5(b)和(c)中可以看出，在径向边缘轴向应力和剪切应力明显集中，封接层在界面附近承受较大的拉应力，对于轴对称的片状试样，径向边界处存在较大的拉应力，容易在边界结合处产生层间开裂。综上可知，制备过程中残生的热应力都集中在层界面和试样的边缘处，这种情况在制备和服役条件下，材料将承受过大的应力很容易产生层间剥离，使样品产生翘曲、开裂等缺陷，这是设计梯度材料时首先应当避免的。综上所述，在对各方向应力进行分析时，根据其变化区域，径向应力应考虑其沿对称轴厚度方向分布，而轴向和切向应力则取沿径向边缘厚度进行分析。

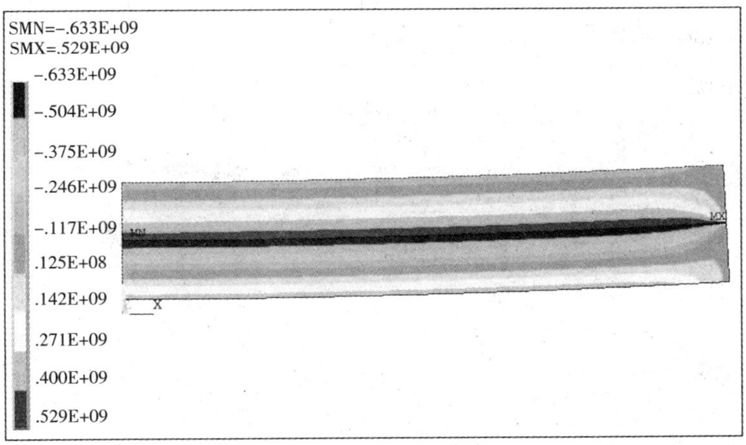

(a)径向应力分布

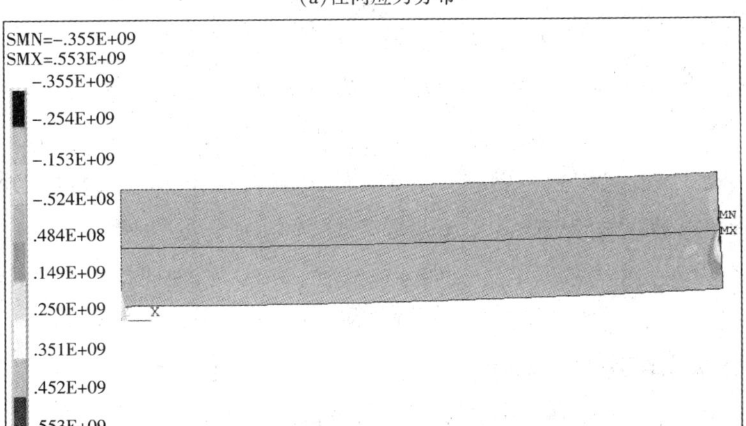

(b)轴向应力分布

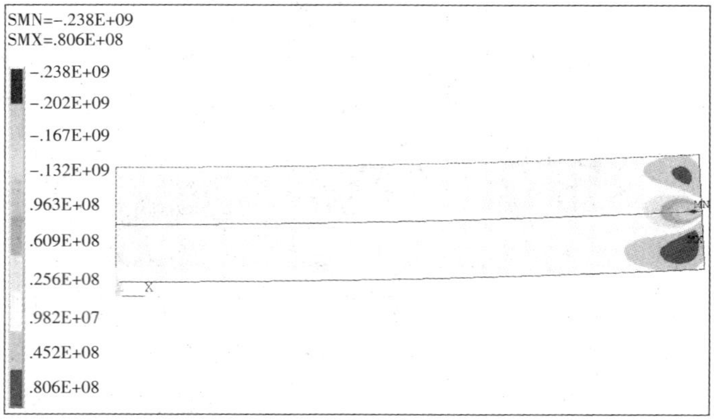

(c)剪切应力分布

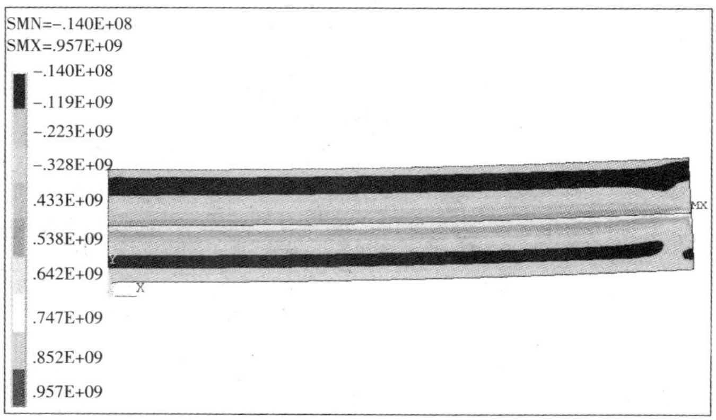

(d)等效应力分布

图 5-5　封接层和散热层之间无过渡时的残余应力云图

5.2.3.2　三层 W-Cu 梯度材料的残余热应力分析

表 5-3 为三层等厚梯度材料不同成分分布指数 p 所对应的残余热应力。图 5-6 为应力最大值随 p 值的变化曲线。对比图 5-5 可知，p 在 0.2～10 的范围内变化时，任一成分分布其最大应力均小于两层材料时的最大应力，因此过渡层的引入可以大大缓和材料在制备过程所产生的热应力。从表中可以看出剪切应力要比等效应力、径向应力和轴向应力小，因此在分析时可以将其忽略。另外，图 5-6 所示等效应力、径向应力和轴向应力的最大值都随 p 值的增大呈先减小后增大的趋势。根据表 5-3 中的数据，$p=2.4$ 时，过程层中的铜体积分数为 33%，此时梯度层中的等效应力和径向压应力均为最小值分别是 456MPa 和 -325MPa，材料等效热应力缓和达 52%

左右，得到较好的缓和效果。

表 5－3　三层结构不同成分分布指数 p 所对应的残余热应力(MPa)

p	过渡层 W 体积分数 /(%)	过渡层 Cu 体积分数 /(%)	等效热应力	径向应力		轴向应力		剪切应力	
				max	min	max	min	max	min
0.2	0.564	0.436	664	432	−476	337	−339	49.1	−174
0.4	0.606	0.394	577	359	−408	300	−233	48.4	−134
0.6	0.629	0.371	530	321	−377	281	−190	48.2	−111
0.8	0.642	0.358	505	299	−360	271	−195	48.1	−98.6
1	0.65	0.35	489	286	−348	264	−198	48.1	−91.1
1.4	0.66	0.34	471	292	−336	257	−201	48.1	−99
1.8	0.665	0.335	461	299	−328	252	−203	48.4	−104
2	0.667	0.333	457	301	−326	251	−203	48.6	−106
2.4	0.67	0.33	456	305	−325	249	−204	48.8	−109
2.8	0.672	0.328	467	309	−330	247	−205	49	−112
4	0.675	0.325	480	313	−336	248	−206	49.2	−115
6	0.678	0.322	493	317	−342	258	−207	49.5	−117
10	0.68	0.32	506	321	−348	267	−208	49.7	−120

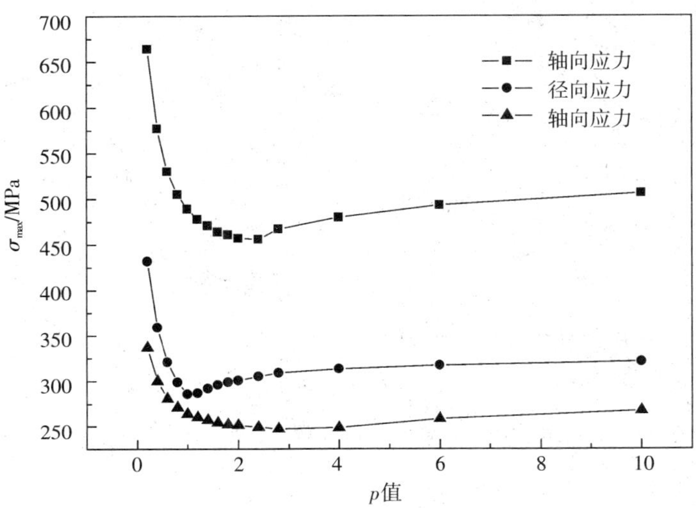

图 5－6　三层结构的应力最大值随 p 值的变化曲线

图5-7为不同成分分布指数 p 对应的径向应力沿对称轴厚度方向的变化。图5-8为成分分布指数 p 对应的轴向应力沿径向边界的变化。从两图中可以看出，径向应力和轴向应力的分布在层的交界面处变化剧烈。当 p 值较小时（<1），径向和轴向应力在交界面处的最大突变都发生在封接层与过渡层之间；当 $p>1$ 时，交界面处径向和轴向应力转移到过渡层与散热层之间。当 $p=1\sim2.4$ 时，应力值的突变在梯度材料的两端交界面处相当，这将有利于材料在制备过程中较好地保持原始形状，不变形。

图5-9为 p 值分别取0.6、2.4和4时三层梯度材料的等效应力云图。从图中可以看出，$p=0.6$ 时，在封接层和过渡层交界处产生了较大的残余热应力，并且最大应力出现在其交界面的边缘位置；$p=2.4$ 时，材料在两个交界面处产生的等效应力相当，最大值出现在过渡层与散热层交界面的边缘位置；$p=6$ 时，过渡层与散热层交界面处的残余热应力进一步增大，而封接层和过渡层交界处的残余热应力相对减小，同时最大值出现在过渡层与散热层交界面的边缘位置。上述结果和图5-7、图5-8的分析是一致的。

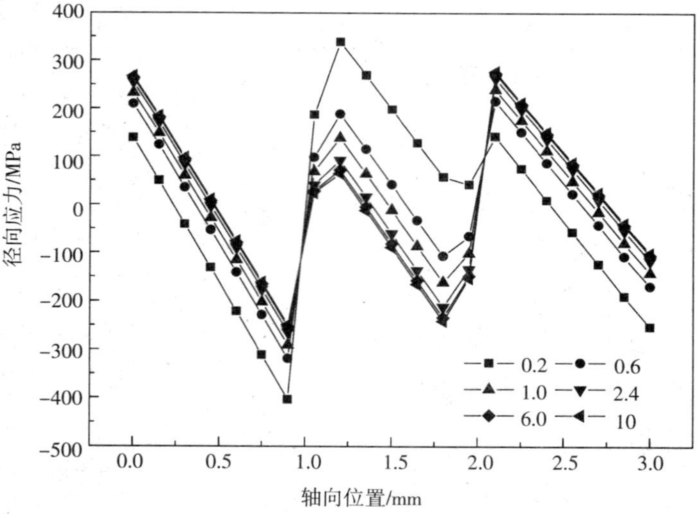

图5-7　三层结构不同 p 值对应的径向应力沿对称轴厚度方向的变化

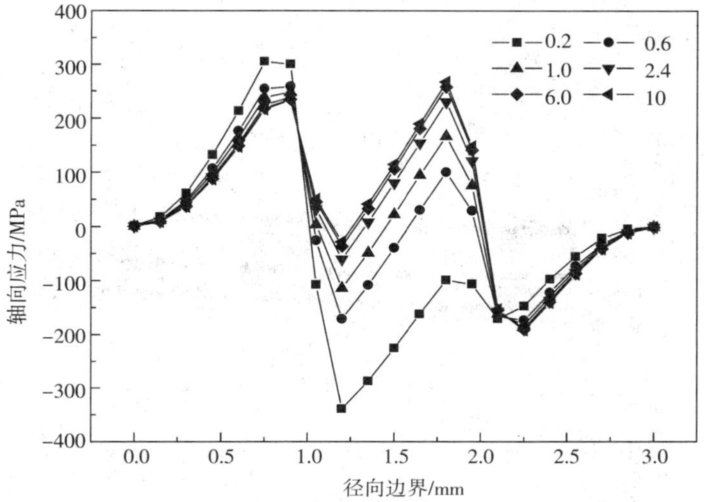

图 5－8　三层结构不同 p 值对应的轴向应力沿径向边界厚度方向的变化

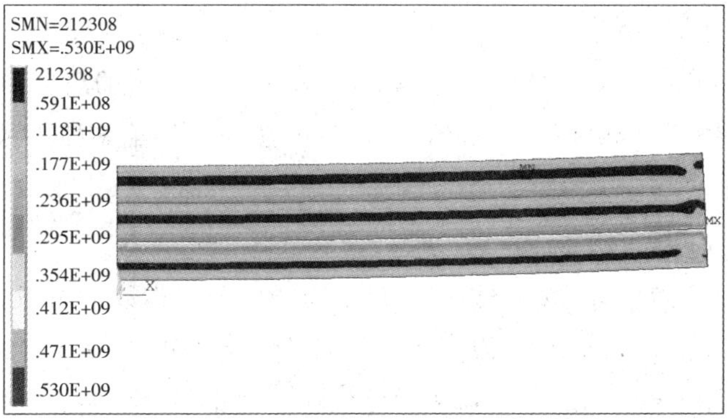

(a)当 p=0.6 时

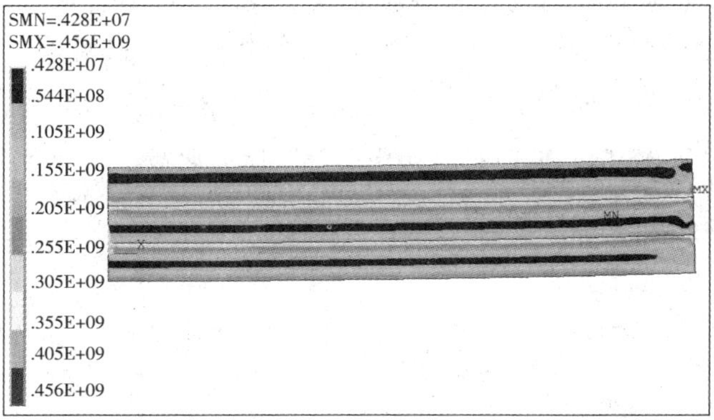

(b)当 p=2.4 时

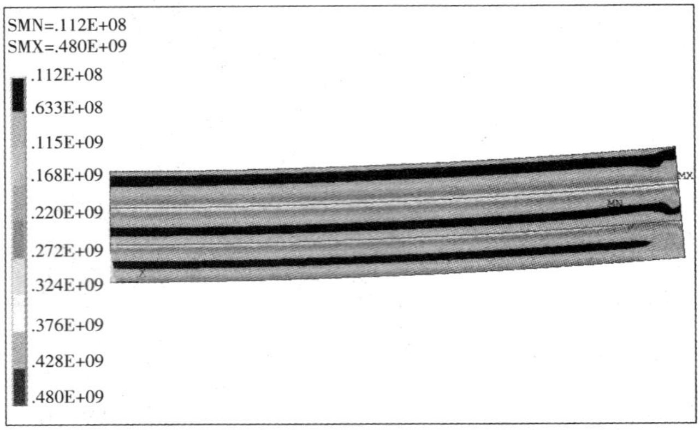

(c)当 p=4 时

图 5－9　p 值分别取 0.6、2.4 和 4 时三层梯度材料的等效应力云图

综上所述，当 p＝2.4 时，过渡层 Cu 体积分数为 33％时的三层 W－Cu 梯度功能材料 W－20Cu/W－33Cu/W－50Cu，具有较好的热应力缓和效果，同时该成分结构的梯度材料也满足梯度层间热膨胀失配系数不超过 25％的要求。

5.2.3.3　四层 W－Cu 梯度材料的残余热应力分析

表 5－4 为四层等厚结构梯度材料不同成分分布指数 p 所对应的残余热应力。图 5－10 为应力最大值随 p 值的变化曲线。对比表 5－3 和表 5－4 可以看出，四层结构的梯度材料比三层结构的残余热应力进一步减小。图 5－10 所示等效应力、径向应力和轴向应力的最大值都随 p 值的增大呈先减小后增大的趋势，当 p 值处于 1～1.8 时，材料获得了较好的热应力缓和。根据表 5－4 中的数据，当 p＝1.4 时，第二层和第三层中 Cu 的体积分数分别为 29.1％和 39.2％，此时梯度层中的等效应力取最小值 305MPa，相比较无过渡层时材料的等效热应力缓和达到 68％左右。

表 5－4　四层结构不同成分分布指数 p 所对应的残余热应力(MPa)

p	第二层 Cu 体积分数/(%)	第三层 Cu 体积分数/(%)	等效热应力	径向应力		轴向应力		剪切应力	
				max	min	max	min	max	min
0.2	0.403	0.462	539	369	−416	245	−311	44.9	−144
0.4	0.347	0.434	412	277	−315	198	−171	34.2	−91.3
0.6	0.321	0.417	366	233	−270	177	−117	32.7	−69.9
0.8	0.308	0.407	338	210	−245	166	−121	32.6	−59.1
1	0.3	0.4	320	195	−230	159	−124	32.9	−52
1.2	0.295	0.395	309	203	−220	155	−127	33	−55.2
1.4	0.291	0.392	305	209	−226	151	−129	33.1	−58.1
1.6	0.289	0.389	313	214	−232	152	−130	33.1	−60.2
1.8	0.287	0.387	319	217	−236	157	−131	33.2	−61.6
2	0.285	0.385	324	221	−240	162	−132	33.2	−63.1
4	0.278	0.377	341	234	−253	179	−136	33.3	−69.8
6	0.276	0.374	346	239	−256	183	−137	33.4	−71.8
10	0.274	0.372	350	243	−259	188	−139	33.6	−74

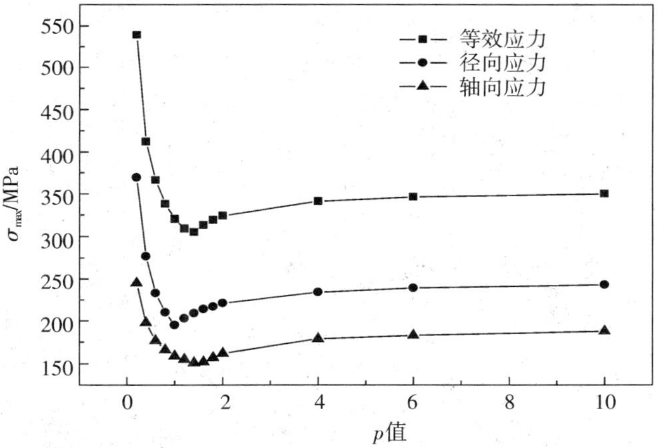

图 5－10　四层结构的应力最大值随 p 值的变化曲线

图 5－11 和图 5－12 分别为不同成分分布指数 p 对应的径向应力和轴向应力沿梯度材料厚度方向的变化。从两图中可以看出，与三层结构时相同，两个方向的热应力都呈阶梯形状变化，在层与层的交界面处变化剧烈，但整体的突变幅度要小于三层结构材料热应力的变化。这说明层数增加可以有效地降低梯度材料层与层之间的热膨胀的不匹配，减小制备过程中层界面处的热应力。

图 5－13 为 p 值分别取 0.6、2.4 和 4 时四层梯度材料的等效应力云图。从图中可以看出，当 $p=0.6$ 时，在封接层和第二层交界处产生了较大的等效应力，并且最大应力出现在其交界面的边缘位置，此时材料存在层间开裂可能；当 $p=1.4$ 时，材料整体的等效应力较小，并且在层与层交界面处产生的热应力相当，最大值出现在中间过渡层交界面的边缘位置；当 $p=6$ 时，材料整体的最大等效应力增大，热应力向散热层一边转移，封接层和过渡层交界处的等效热应力相对减小。因此，当 $p=1.4$ 时，材料的层间热应力较均匀，最大热应力较小，具有最佳的缓和效果。

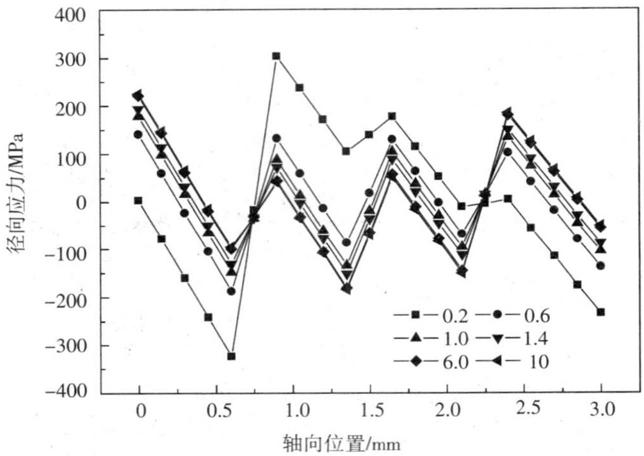

图 5－11　四层结构不同 p 值对应的径向应力沿对称轴厚度方向的变化

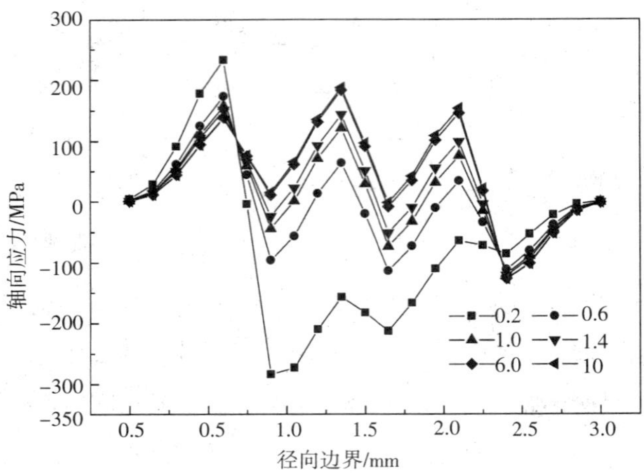

图 5－12　四层结构不同 p 值对应的轴向应力沿径向边界厚度方向的变化

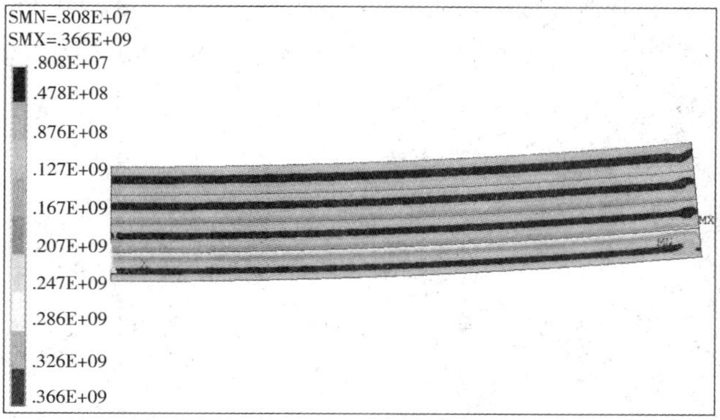

(a)当 p=0.6 时

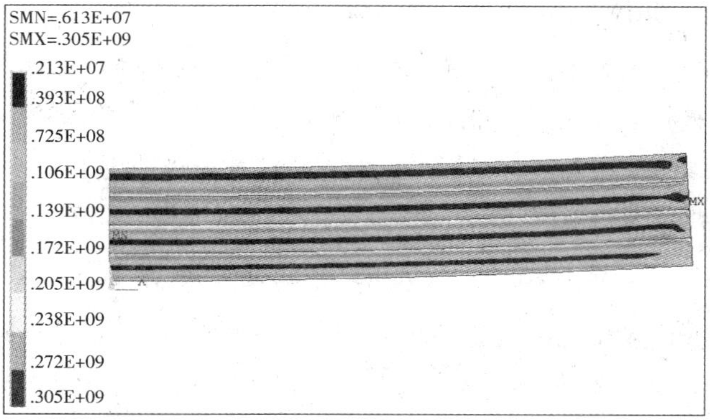

(b)当 p=1.4 时

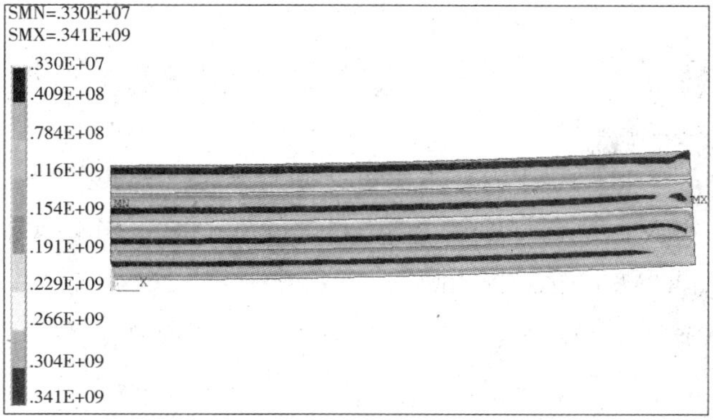

(c)当 p=4 时

图 5－13　p 值分别取 0.6、1.4 和 4 时四层梯度材料的等效应力云图

综上所述，对于四层结构的梯度W－Cu材料，在$p=1.4$时，第二层和第三层中Cu的体积分数分别为29.1%和39.2%，此时可模拟计算得出W－20%Cu/W－29.1%Cu/ W－39.2%Cu/W－50%Cu四层均厚的W－Cu,复合材料的等效应力具有最小值305MPa，相比较无过渡层时材料的等效热应力缓和达到68%左右。

参考文献

[1]季英瑞．Ti/Al_2O_3梯度功能材料的制备与表征[D]．济南：济南大学，2005

[2]张显程，徐滨士，王海斗，等．功能梯度涂层热残余应力[J]．机械工程学报，2006，42(1)：18～22

[3]周志光，张联盟，沈强，等．热应力缓和型梯度材料的计算机辅助设计系统[J]．武汉理工大学学报，2004，26(7)：1～3

[4]刘彬彬，谢建新．W－Cu梯度热沉材料的成分与结构设计[J]．稀有金属，2005，29(5)：757～761

[5]Gasik M M. Micromechanical modelling of functionally graded materials [J]. Computational Materials Science, 1998, 13(1～3): 42～55

[6]Ravichandran K S. Thermal residual stress in a functionally graded material system [J]. Materials Science and Engineering A, 1995, 201(1～2): 269～276

[7]陶光勇，郑子樵，刘孙和．W/Cu梯度功能材料板稳态热应力分析[J]．中国有色金属学报，2006，16(4)：694～700

[8]Ling Y H, Bai X D, Ge C C. Design and thermal shock performance of W/Cu functionally graded materials used as plasma facing component [J]. Materials Science Forum, 2003, 423～425: 49～54

[9]张驰，校金友．功能梯度材料的有限元方法研究[J]．飞机设计，2007，27(4)：31～33

[10]凌云汉，白新德，李江涛，等．W/Cu功能梯度材料的热应力优化设计[J]．稀有金属材料与工程，2003，32 (12)：976～980

[11]程昌钧，朱媛媛．弹性力学[M]．上海：上海大学出版社，2006

[12]高西亚．热循环下热障涂层残余应力及稳定性的研究[D]．西安：西北工业大学，2007

[13]马维，潘文霞，张文宏，等．热喷涂涂层中残余应力分析和检测研究进展[J]．力学进展，2002，32(1)：41～56

[14]姜祎，徐斌士，王海斗．热喷涂涂层残余应力的来源及其失效形式[J]．金属热处理，2007，32(1)：25～27

[15]应保胜，高全杰，但斌斌．等离子喷涂涂层中残余应力分析[J]．表面技术，2004，33(1)：15～17

[16]余佐平，陆煜．传热学[M]．北京：高等教育出版社，1999

[17]蒋玉川，张建海，李政章．弹性力学与有限单元法[M]．北京：科学出版社，2007

[18]Wadashima K, Hirao T, Nino M. Space application of advance structure materials [J]. ESP SP, 1990:303:97

[19]Markworth Alan J, Saunders James H. A model of structure optimization for a functionally graded material [J]. Materials Letters, 1995, 22: 103～107

[20]理查德·J. 布鲁克．陶瓷工艺(第Ⅱ部分)[M]．北京：科学出版社，1999

[21]王保林，韩杰才，张幸红．非均匀材料力学[M]．北京：科学出版社，2003

[22]刘红兵．316L不锈钢基材防氚渗透Al_2O_3涂层残余应力测试与数值模拟[D]．南京航空航天大学，2007

第6章 W-Cu梯度功能材料的制备及性能

当今科学技术的迅速发展，促使能源、电子信息、军事技术、航空航天等领域的发展日新月异，同时使各领域材料的使用环境更加苛刻，并且对材料性能的要求也越来越高。功能梯度材料（Functionally Gradient Material，FGM）正是为满足当代航空航天等高科技领域发展的需要而设计开发的一类新型复合材料，W-Cu功能梯度材料是目前该类材料研究较多的方向之一。W-Cu功能梯度材料的一端是高熔点、高硬度的钨或低含铜的钨铜，另一端是高导热导电和较好塑性的铜或高含铜的钨铜，由于其在低膨胀、高导热、导电和高强度等方面的优点，使其成为进一步提高大功率微波器件以及电子器件中热沉材料导热性能的有效途径；在聚变堆第一壁的偏滤器部件材料的设计中，W-Cu功能梯度材料被认为是解决第一壁W基材料和热沉铜合金之间连接问题的最有效方法；另外，W-Cu功能梯度材料还可作为新一代导电材料、电阻焊电极材料以及微电子封装材料和激光束靶材等。目前在W-Cu功能梯度材料的制备方法方面常用工艺有气相沉积法、熔渗法、粉末冶金法、等离子喷涂法、离心铸造法、火焰喷涂法、自蔓延高温合成法等，这些方法虽然能够制备W-Cu梯度材料，但都还存在一些缺点，如工艺复杂，生产效率低，需要添加活化剂等，而且高密度和微观结构均匀的W-Cu功能梯度材料的获得较困难，这使得W-Cu功能梯度材料在应用上仍存在着局限性。因此，研究和开发工艺简单、成本低廉的W-Cu功能梯度材料的制备方法和技术就显得极为迫切；同时，在新型梯度材料的设计和优化方面也急需深入的研究和探索。

鉴于以上论述，本章节基于前面章节对机械合金化结合热压技术制备纳米结构W-Cu复合材料的研究结果，开展W-Cu梯度复合材料的制备工艺和性能的研究，并针对第 5 章优化设计得到的三层 W－20Cu/W－33Cu/W－50Cu 和四层 W－20Cu/W－29.1Cu/ W－39.2Cu/W－50Cu（均为体积分数）梯度结构复合材料进行制备。探讨了机械合金化结合热压法制备出来的 W－Cu 功能梯度材料所具有的特殊性能，具体研究了 W－Cu 功能梯度材料的显微组织结构和界面结合情况，以及重要的物理、力学性能、抗热震和热疲劳性能。

6.1　W－Cu 梯度功能材料成分设计与制备工艺

6.1.1　梯度材料成分设计

不同结构 W－Cu 梯度材料的成分配比，见表 6－1 所列。

表 6－1　不同结构 W－Cu 梯度材料的成分配比

结构设计	每层成分配比
三层结构	W－20 Cu/W－33Cu/W－50Cu（体积百分数） W－10.4 Cu/W－18.6Cu/W－31.7Cu（质量百分数）
四层结构	W－20Cu/ W－29.1Cu/ W－39.2Cu/ W－50Cu（体积分数） W－10.4Cu/ W－16Cu/ W－23Cu/ W－31.7Cu（质量分数）

6.1.2　工艺路线

本章首先采用机械合金化的方法制备不同成分的纳米晶复合粉体，然后按照梯度材料的成分结构设计，在钢模中逐层堆叠进行冷压成型（此法区别于传统的层叠铺粉法，这里提出逐层冷压的方法，单层预压压力为 100MPa，最终成型压力为 350MPa），再放入石墨模具中进行低温热压烧结，热压烧结工艺升温曲线见图 3－4，最后对所制备的 W－Cu 梯度材料进行结构表征和性能测试。具体工艺路线如图 6－1 所示：

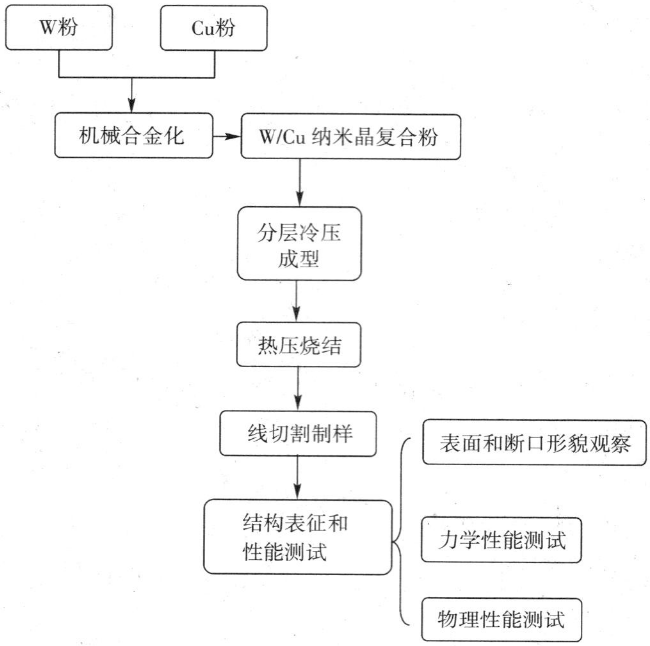

图6－1　工艺路线图

6.2　实验结果与讨论

6.2.1　W－Cu FGM的显微结构

图6－2是W－Cu FGM烧结体表面的形貌图，图6－2(a)和(b)分别为三层和四层结构梯度材料的扫描电镜背散射电子形貌图；图6－2(c)和(d)分别为三层和四层结构梯度材料腐蚀后的金相照片。图6－2(a)和(b)中颜色越深说明Cu含量越高，从中可以看出，各梯度层较致密，梯度层间分界面明显；从图中也可以观察到成分逐渐改变的情况，说明热压烧结过程三层梯度成分仍较好地保持所设计的成分分布，这将有利于梯度材料物理力学性能保持梯度分布。从图6－2(c)和(d)中，同样可以看出单层材料中的W、Cu分布较均匀，没有出现严重的孔隙等缺陷，说明材料的显微组织比较符合设计要求。另外，层界面结合良好，没有明显的裂纹等缺陷，说明界面处Cu

发生了一定迁移扩散，较好地提高了梯度层间的结合强度。

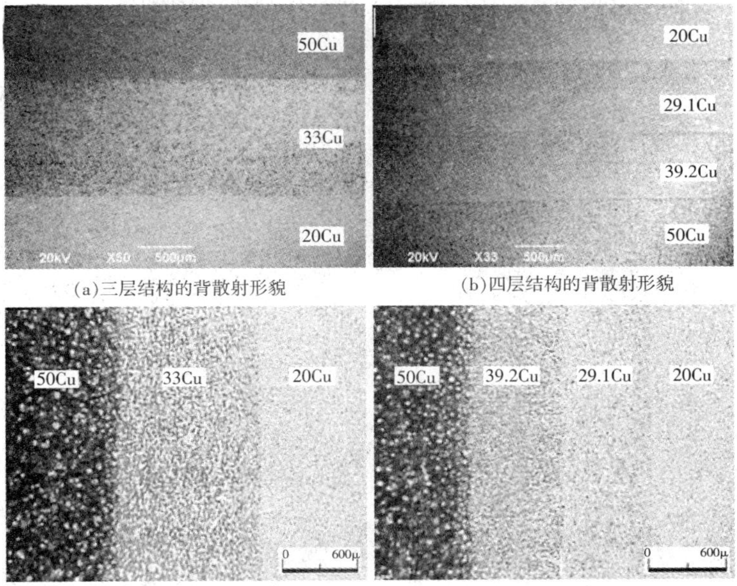

(a)三层结构的背散射形貌　(b)四层结构的背散射形貌

(c)三层结构的腐蚀后的金钉照片　(d)四层结构的腐蚀后的金钉照片

图 6－2　W－Cu FGM 的表面形貌

从上述分析可知，采用机械合金化技术制备的具有较高烧结活性的纳米晶 W－Cu 复合粉末，通过先冷压再热压的方法，可以在低温 1050℃烧结制备出致密度高且组织结构均匀的 W－Cu 梯度复合材料。

6.2.2　W－Cu FGM 的成分分析

图 6－3 为三层结构 W－Cu FGM 的各层的 EDS 能谱。从图中可以看出，各梯度层的成分都较好地保持了设计时的成分，并且在球磨时间较短的封接层和过渡层中，在仪器测量精度内并未发现杂质元素。这和前面章节中的分析结果是一致的，主要和短时间球磨后的 W－Cu 纳米晶复合粉纯度高有关，这将有利于保持材料的导电、导热等物理性能。同时，热压烧结后的散热层中也发现了氧元素和碳元素。从表 6－2 中三层结构 W－Cu FGM 的各层成分含量可以看出，杂质元素的含量仍保持在较低水平。

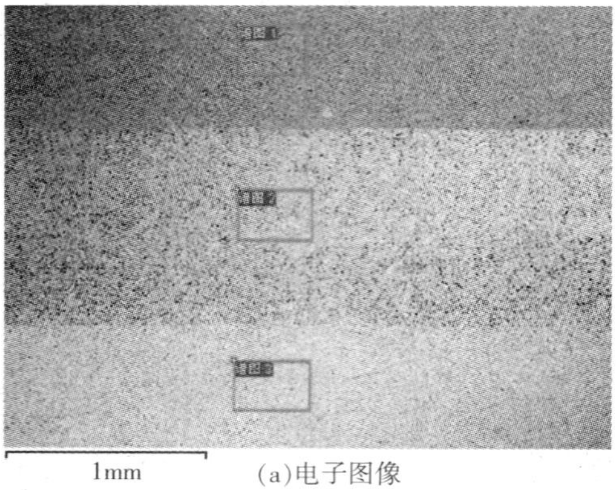

(a)电子图像

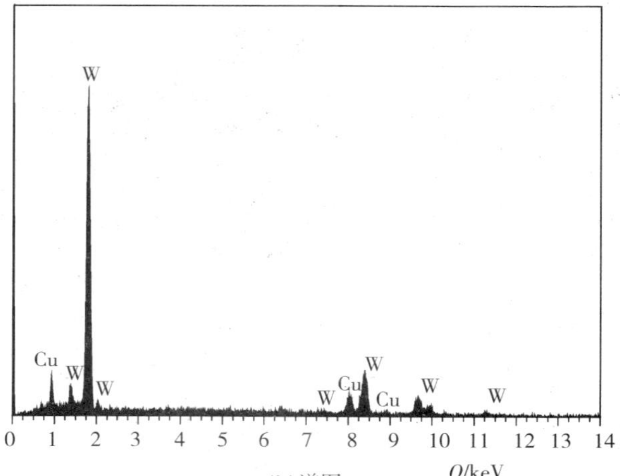

(b)谱图 1

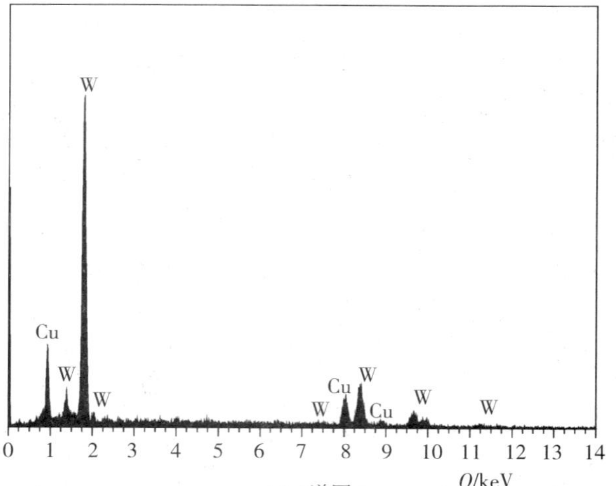

(c)谱图 2

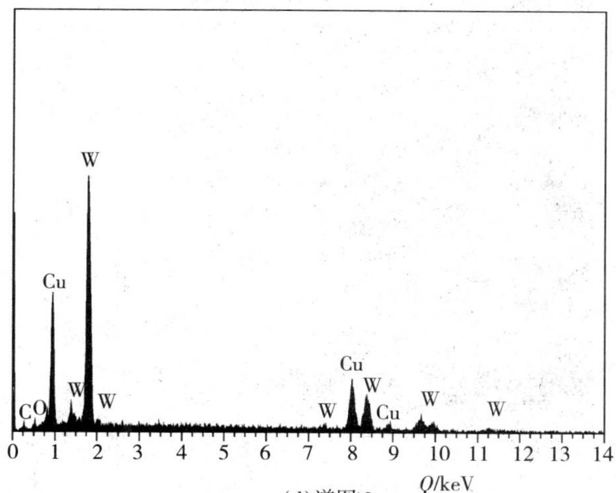

(d)谱图 3

图 6－3　三层结构 W－Cu FGM 的成分分析

表 6－2　三层结构 W－Cu FGM 的各层成分含量

元素质量百分比	封接层	过渡层	散热层
C	—	—	0.11
O	—	—	0.13
Cu	10.13	18.27	31.39
W	89.87	81.73	68.37
总量	100.00	100.00	100.00

图 6－4 和表 6－3 为四层结构 W－Cu FGM 的各层的 EDS 能谱和成分含量。其分析结果和三层结构 W－Cu FGM 相同，只在高能球磨时间最长的散热层中检测到杂质元素，其余各层都保持了较好成分配比。

综上成分分析结果可知，采用机械合金化技术制备的具有较高烧结活性的纳米晶 W－Cu 复合粉末，通过先冷压再热压的方法获得的三层和四层 W－Cu FGM，较好地保持了设计时的成分配比，进而可以较好地达到热应力缓和的效果。

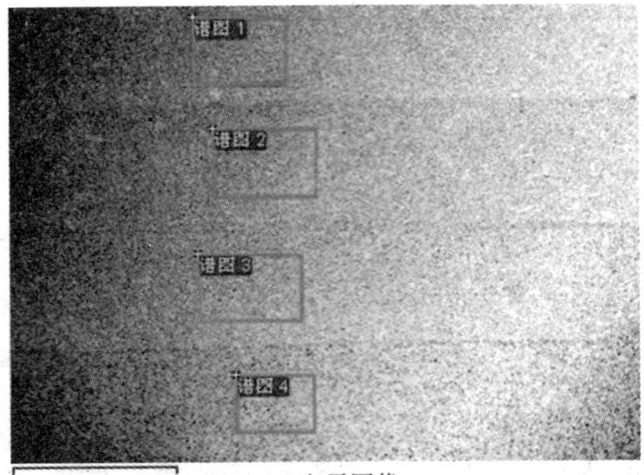

(a)电子图像

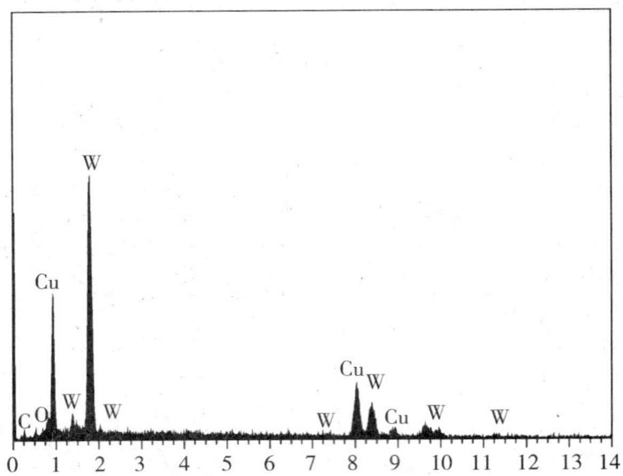

(b)谱图 1

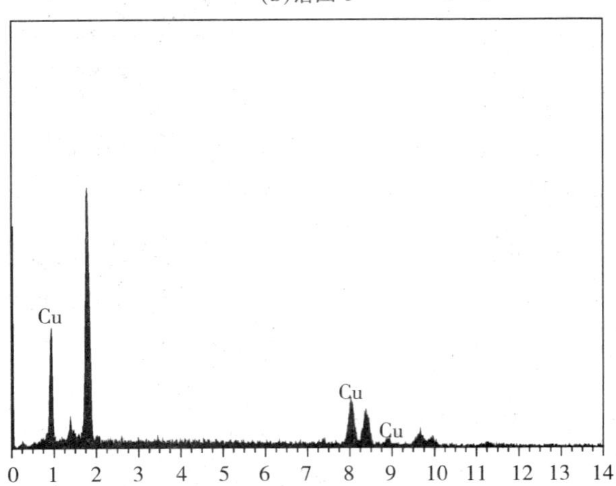

(c)谱图 2

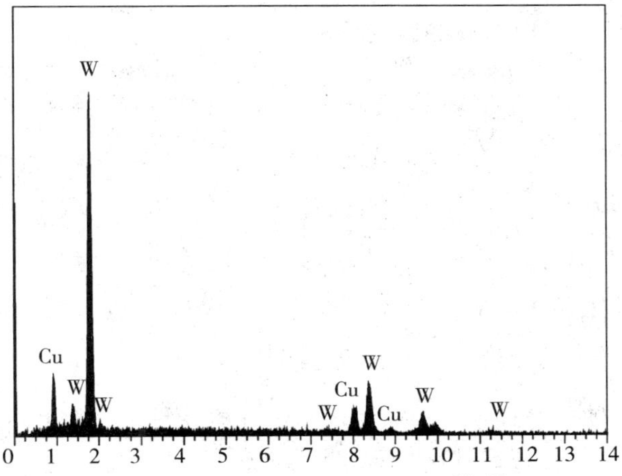

(d)谱图 3

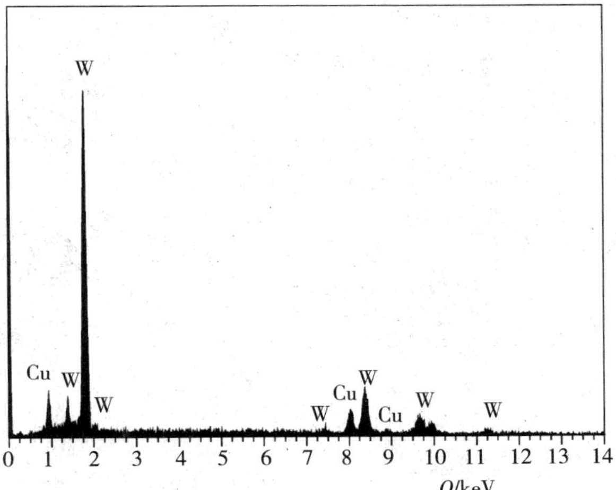

(e)谱图 4

图 6－4　四层结构 W－Cu FGM 的成分分析

表 6－3　四层结构 W－Cu FGM 的各层成分含量

元素质量百分比	封接层	过渡层 1	过渡层 2	散热层
C	—	—	—	0.11
O	—	—	—	0.14
Cu	10.15	15.82	22.79	31.36
W	89.85	84.18	77.21	68.39
总量	100.00	100.00	100.00	100.00

6.2.3 W－Cu FGM 的抗弯强度

图 6－5 为不同层数 W－Cu 梯度复合材料在以不同面为受压面时的抗弯强度。从图上还可以看出，三层和四层结构的梯度复合材料在以 W－50Cu为承压面时，获得的抗弯强度比以 W－20Cu 为承压面时获得的抗弯强度大，这充分体现了 FGM 的力学性能沿着 Cu 含量增加的方向呈现梯度变化。从图中还可以得知，四层结构的梯度材料的抗弯强度略高于三层结构，同时不同承压面的抗弯强度差值也小于三层结构，这主要与梯度材料的界面结合强度和残余应力有关，四层结构梯度材料的界面结合强度更高，残余应力更小，因此，材料抵抗破坏的能力更强。

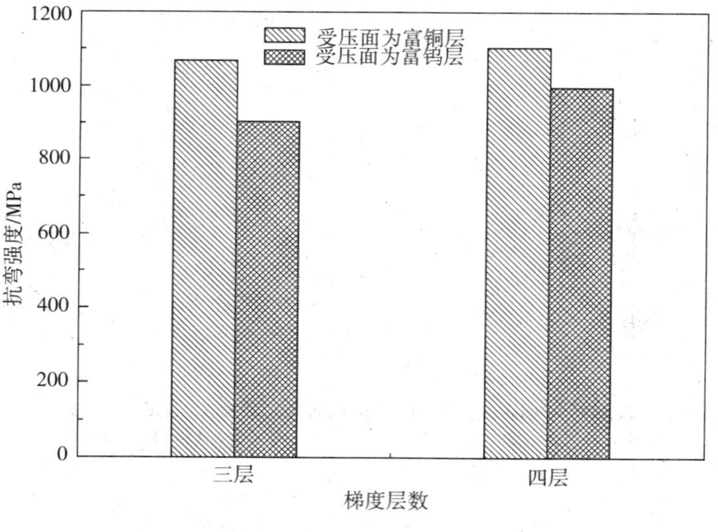

图 6－5　不同层数 W－Cu 梯度复合材料的抗弯强度

6.2.4 W－Cu FGM 的导热性能

图 6－6 为不同层数 W－Cu 梯度复合材料的热导率。从第 3 章分析知道，影响 W－Cu 复合材料热导率的因素主要有两个，一是 W－Cu 复合材料的致密度。致密度越低，孔隙率越高，材料的导热能力越差。二是 Cu 在 W 基体中是否形成了较为理想的网络结构，这种网络结构可以为 W－Cu 复合材料提供良好的导热通道，大大提高 W－Cu 复合材料的热导率。通过本章

前面对 FGM 致密化和显微组织分析知道，三层和四层结构梯度材料的致密度都达到了较高水平，且从图 6－6 中可以看出，三层和四层梯度材料的热导率分别达到 198W/(m·K)和 202W/(m·K)，均介于封装层和散热层热导率之间，获得了较高的导热性能。

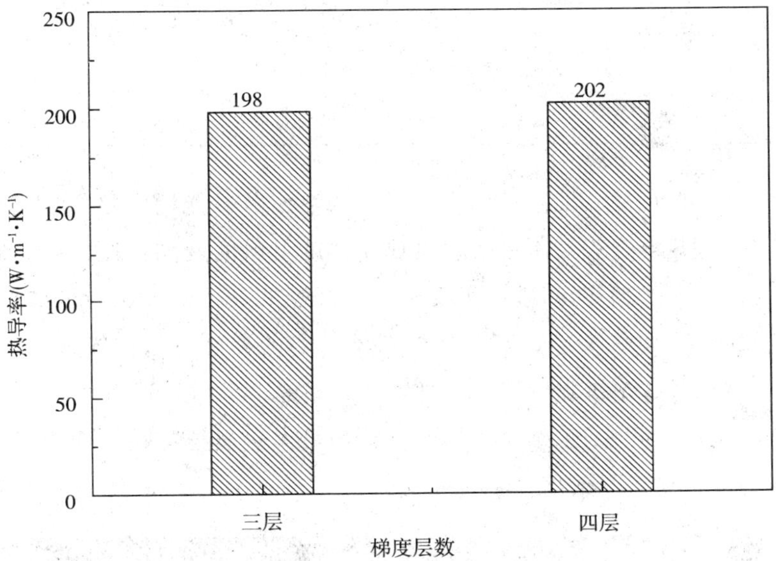

图 6－6　不同层数 W－Cu 梯度复合材料的热导率

6.2.5　W－Cu FGM 的抗热震和热疲劳性能

材料承受温度骤变而不被破坏的能力称为抗热震性，而热疲劳性能是指材料在一定的温差下经过多次循环而不被破坏的能力。材料的抗热震性和热疲劳性能是其力学性能和热学性能的综合表现。由于梯度功能材料的使用环境比较苛刻，通常在高温、耐热环境下使用，因此，梯度功能材料高温性能是评价其性能的重要手段。

6.2.5.1　W－Cu FGM 的抗热震性能

将三层和四层结构的 FGM 样品置于 SRJX－4－9 型中温箱式电阻炉中，加热至 800℃，保温 10min，取出后放入冰水混合物中急冷，经表面形貌观察，材料表面及界面处没有发现裂纹和开裂现象。这说明所制备的两种 W－Cu 梯度复合材料均具有良好的抗热震性能。

6.2.5.2　W-Cu FGM的热疲劳性能

在800℃温差下急冷，多次循环，直至样品出现裂纹或被破坏。表6-4是不同结构的FGM样品热循环开裂循环次数。

表6-4　不同结构FGM样品热循环次数

层数	热循环条件	循环次数
三层	800℃温差	86
四层	800℃温差	137

从表中可以看出，四层结构梯度材料的热疲劳性能比三层的提高很多。实验中发现，热疲劳裂纹总是最先出现在梯度材料的两端：三层结构梯度材料在经过86次热循环后，首先出现裂纹或开裂的是在过渡层与散热层交界面的边缘位置，如图6-7(a)所示；而四层结构的梯度材料在经过143次热循环后，裂纹位置出现在中间两个过渡层之间的结合面的端面处，如图6-7(b)所示。其原因是两种结构的梯度材料的最大热应力都在界面边缘出现，与热应力模拟结果一致。

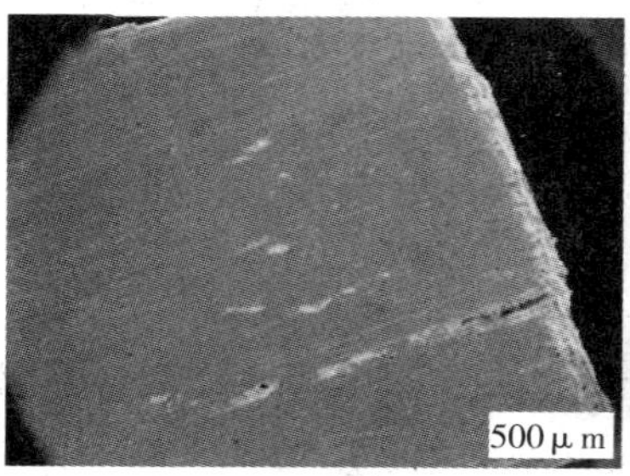

(a)三层结构

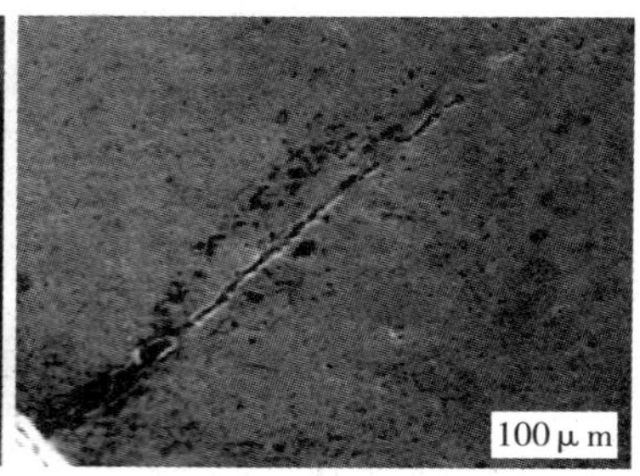

(b)四层结构

图6-7　热循环试验后W-Cu梯度材料产生的裂纹

参考文献

[1]Liu B B, Xie J X, Qu X H. Fabrication of W-Cu functionally graded materials with high density by particle size adjustment and solid state hot press [J]. Composites Science and Technology, 2008, 68(6): 1539～1547

[2] Shen W P, Li Q, Chang K, et al. Manufacturing and testing W/Cu functionally graded material mock-ups for plasma facing components [J]. Journal of Nuclear Materials, 2007, 367—370(2): 1449～1452

[3] Ilic D J, Fiscina J, Oliver C G, et al. Self formed Cu-W functionally graded material produced via powder segregation [J]. Advanced Engineering Materials, 2007, 9(7): 542～546

[4] Zhou Z J, Song S X, Du J, et al. Performance of W/Cu FGM based plasma facing components under high-heat load test [J]. Journal of Nuclear Materials, 2007, 363～365: 1309～1314

[5]种法力,陈俊凌,李建刚. Tokamak第一壁上W/Cu材料的连接和界面应力的研究[J]. 稀有金属与硬质合金,2005,33(4):38～41

[6]种法力,陈俊凌,李建刚. VPS-EBW法制备W/Cu功能梯度材料及热负荷实验研究[J]. 稀有金属与硬质合金,2006,35(9):1509～1512

[7] Zhou Z J, Du J, Song S X, et al. Microstructural characterization of W/Cu functionally graded materials produced by a one-step resistance sintering method [J]. Journal of Alloys and Compounds, 2007, 428(1～2): 146～150

[8] Li S B, Xie J X. Processing and microstructure of functionally graded W/Cu composites fabricated by multi-billet extrusion using mechanically alloyed powders [J]. Composites Science and Technology, 2006, 66(13): 2329～2336

图书在版编目(CIP)数据

W－Cu复合材料的设计、制备与性能/汪峰涛，吴玉程著．—合肥：合肥工业大学出版社，2010.7

ISBN 978－7－5650－0244－1

Ⅰ.①W…　Ⅱ.①汪…②吴…　Ⅲ.①钨基合金—复合材料—设计②钨基合金—复合材料—材料制备③钨基合金—复合材料—性能分析
Ⅳ.①TG146.4

中国版本图书馆CIP数据核字(2010)第140254号

W－Cu复合材料的设计、制备与性能

汪峰涛　吴玉程　著　　　　责任编辑　权　怡

出　版	合肥工业大学出版社	版　次	2010年7月第1版
地　址	合肥市屯溪路193号	印　次	2010年8月第1次印刷
邮　编	230009	开　本	710毫米×1000毫米　1/16
电　话	总编室：0551－2903038	印　张	9.25
	发行部：0551－2903198	字　数	140千字
网　址	www.hfutpress.com.cn	印　刷	中国科学技术大学印刷厂
E-mail	press@hfutpress.com.cn	发　行	全国新华书店

ISBN 978－7－5650－0244－1　　　　定价：20.00元

如果有影响阅读的印装质量问题，请与出版社发行部联系调换。